HANS KMOCH · DIE KUNST DER VERTEIDIGUNG

HANS KMOCH

DIE KUNST DER VERTEIDIGUNG

4. Auflage

Mit 53 Diagrammen

WALTER DE GRUYTER · BERLIN · NEW YORK

1982

CIP-Kurztitelaufnahme der Deutschen Bibliothek

Kmoch, Hans:
Die Kunst der Verteidigung / Hans Kmoch. — 4. Aufl. — Berlin ;
New York : de Gruyter, 1982.
ISBN 3-11-008908-4

Satz und Druck: Arthur Collignon GmbH, Berlin
Bindearbeiten: Franz Spiller, Berlin
Einbandentwurf: Ulrich Hanisch, Berlin

Vorwort zur 4. Auflage

Der aus Wien stammende Schachmeister, -Schriftsteller und -Organisator Hans Kmoch, der Mitte der dreißiger Jahre nach Amerika auswanderte und 1973 in New York verstorben ist, kannte die Geheimnisse der Schachkunst wie kaum ein anderer. Er war Sekundant Max Euwes, als der Holländer den sensationellen Sieg über Alexander Aljechin (1935) errang.

Als das vorliegende Buch im Jahre 1927 erstmals herauskam, erregte es beträchtliches Aufsehen. Hier wurde deutlich ausgesprochen, daß große Schachspieler auch große Verteidiger sein müssen.

Zur ersten Auflage sagte der Verfasser: „Dieses Buch will nicht unterrichten, es will aufmerksam machen. Es will nicht zeigen, wie man sich zu verteidigen hat, es will zeigen, daß man sich verteidigen muß. Es befaßt sich nicht mit den verschiedenen Verteidigungen und deren Varianten, es befaßt sich mit dem Verteidigungsgedanken, der sie durchwebt. Es versucht, diese Verteidigungsgedanken zu enthüllen und zu illustrieren."

Zur zweiten Auflage, die 1966 herauskam, steuerte Kmoch ein neues, umfangreiches Kapitel über die „Wissenschaftliche Verteidigung" bei, in das Beispiele aus der Praxis der einstmaligen Weltmeister Michail Tal und Tigran Petrosjan und von Robert Fischer aufgenommen wurden. Auch die dritte Auflage ist um ein Kapitel erweitert worden, das den jetzigen Weltmeister Anatoli Karpov als „kämpferischen Verteidiger" zeigt.

Das Buch soll keine Schule für Sicherheitsstrategen sein; gute Verteidigung hat nichts mit Risikoflucht zu tun. Aber sie bildet die Voraussetzung für den Erfolg im Schach.

Berlin, Frühjahr 1982   Rudolf Teschner

Inhaltsübersicht

I. Über Verteidigung im Allgemeinen

Man hat das Schach oft mit dem Leben verglichen. Warum? — Leben ist Kampf und Schach ist ebenfalls ein Kampf, dem Leben nachgebildet. Der Kampf, wo immer er in die Erscheinung tritt, setzt sich aus zwei Faktoren zusammen. Aus dem Angriff und aus der Verteidigung. Welches ist nun die wichtigere Seite des Kampfes? Eine kurze Überlegung gibt uns die Antwort. Der Angreifer handelt immer nach seinem eigenen Willen, er ergreift die Initiative, sobald ihm nach seinem eigenen Urteil die Lage hiezu günstig erscheint und kann — dies ist besonders wichtig — wenn er sich nicht in irgendeiner Weise kompromittiert, exponiert hat, immer wieder vom Angriff zurücktreten und den Friedenszustand herstellen. Er wird zum Angriff schreiten, wenn nicht nur die äußeren Umstände günstig scheinen, sondern vor allem nur dann, wenn er sich in guter Disposition weiß, wenn er die Kraft fühlt, den Angriff energisch und folgerichtig durchzuführen. Ganz anders der Angegriffene. Es hängt im allgemeinen nicht von seinem Willen ab, wann er sich in die Verteidigung begeben muß. Er kann dies nicht auf Grund einer Beurteilung der gegebenen Lage tun, er kann sich nicht an seine momentane Disposition halten, er muß jederzeit parat stehen und muß also den Verteidigungskampf unter allen Umständen dann aufnehmen, wenn es der Feind gewollt hat. Daraus ergibt sich, daß für die Verteidigung viel höhere Qualitäten erforderlich sind als für den Angriff, daß es in der Verteidigung viel schwerere Probleme zu lösen gibt, daß die Verteidigung den wichtigeren und weit schwereren Teil des Kampfes darstellt.

Auf das Leben bezogen gibt uns hiefür vor allem der Krieg, die Entwicklung der Kriegsführung ein deutliches Beispiel. Seinen Gegner im Sturm zu überrennen, war zu allen Zeiten ein leuchtendes Ideal des Menschen. Dichter und Maler, die Künstler aller Zeit haben in der Verherrlichung des Sturmsieges ein glorreiches Ideal gesehen. Viel seltener sind die Fälle von künstlerischer Glorifizierung eines Sieges, der in banger Verteidigung errungen wurde.

Dies ist in der menschlichen Psyche begründet. Von Urzeit an mußte sich der Mensch sein Dasein, seine Kultur, jeden Schritt nach vorwärts im Kampfe mit den Naturgewalten, im Kampfe mit Feinden aller Art, im Kampfe mit seinesgleichen erobern. Während sich nun die Denkweise des Menschen im Laufe der Zeiten verschiedentlich geändert hat, ist im Grunde seiner Seele das Ideal des stolzen und kühnen Angriffsieges verankert geblieben.

Mit dem Fortschreiten der Kultur hat sich der Schwerpunkt des menschlichen Daseinskampfes immer mehr gegen das Gebiet der Verteidigung verschoben. Als Beweggrund der menschlichen Handlungen läßt sich viel häufiger die Verteidigung als der Angriff feststellen, immer wieder deshalb, weil die Verteidigung aus Zwang, der Angriff hingegen aus Freiwilligkeit entspringt. Den Nordpol zu entdecken ist Angriff, die Entdeckung des Krebsbazillus, ein ungeheuer wichtiges Verteidigungsproblem. Und so fort. Den Angriff zu verlieren bedeutet, wie wir schon erwähnt haben, mit großer Wahrscheinlichkeit die Herstellung des Friedenszustandes, der Verlust der Verteidigung aber bedeutet rettungslosen Untergang.

Welches Schachherz schlägt nicht höher bei dem Namen Morphy! Morphy war der überlegene Angriffsgeist, dessen Genialität weit über seine Epoche bis in unsere Zeit hineinragt und wohl noch weiter ragen wird in die Zukunft. Morphys Eleganz, Virtuosität und Kraft in der Angriffsführung, Morphys entzückende Kombinationen haben ihn zum erklärten Liebling der Schachwelt gekrönt.

Die meisten Schachspieler schwärmen für den Angriff, und das ist nur allzu leicht erklärlich. Was Wunder, wenn einer, der vielleicht Jahrzehnte hindurch im Leben einer mühseligen, vielleicht auch erfolglosen Defensivpflicht nachkommen mußte — was Wunder, wenn der nun auf dem Schachbrett bestrebt ist in Illusionen Vergessenheit und Kompensation zu suchen, wenn er sein Entzücken in der Inszenierung von Angriffen findet. Hat doch der Angreifer eine mit unzulänglichen Mitteln unternommene und daher gescheiterte Attacke im Schach höchstens mit dem Verluste eines Spieles zu bezahlen, wobei ihm die Möglichkeit offen steht, sein Glück immer aufs neue zu versuchen. Daher kommt es, daß oft ein Mensch, der es vielleicht im Leben nur sehr selten einmal wagen durfte, initiativ zu werden, im Schach ein wütender Angreifer wird und seine zurückgehaltene Angriffslust hemmungslos austoben läßt. Daher kommt es, daß die Verteidigung im Schachkampfe vernachlässigt wurde und in der Entwicklung zurückgeblieben ist. Ihre Wichtig-

2

keit wurde nicht so allgemein erkannt, wie es vom Standpunkte einer vollendeten Behandlung des Spieles unbedingte Notwendigkeit wäre.

So und noch dazu besonders kraß lagen die Dinge, als der Stern Morphys aufleuchtete. Morphy hat die unzulängliche Verteidigungskunst seiner Zeit erkannt und darauf gestützt seine großartigen Triumphe gefeiert. Er wäre sicherlich auch dann einer der Größten geworden, wenn ihm die herrschende, philosophisch ungenügende Erfassung des Schachspiels nicht so weit entgegen gekommen wäre. Vielleicht wäre er aber dann — mag es noch so paradox klingen — ein großer Meister der Verteidigung geworden.

Ein Sprichwort sagt: Es ist dafür gesorgt, daß die Bäume nicht in den Himmel wachsen. Wer kennt nicht die biblische Sage vom babylonischem Turm. — Das Weltgeschehen verläuft in einer ewigen Wellenlinie. Das Leben ist ein ewiges Auf und Ab. In Morphy hat die Epoche eines rücksichtslosen Angriffsspieles ihren Kulminationspunkt erreicht. Bei seinen Vorgängern und Zeitgenossen hat derselbe Angriffsgeist nur fallweise zu glänzenden Erfolgen, aber auch oft zu schmerzlichen Niederlagen geführt. Morphys Schachlaufbahn dagegen bildet eine nie ernstlich durchbrochene Kette von Erfolgen.

Während nun der fallweise Erfolg im Leben bei der Menge zwar Bewunderung auslöst, besitzt erst der ununterbrochene Erfolg die magische Kraft, die Menge nachdenklich zu stimmen. Hat einer einmal auf irgendeinem Kampfgebiete einen derart durchschlagenden Erfolg errungen, so löst dies mit mathematischer Sicherheit in so und so viel anderen den Willen aus, das Geheimnis dieses Erfolges zu ergründen, ihn nachzuahmen oder weiterhin zu verhindern und zu diesem Zwecke neue Waffen zu schmieden. Und so siegen nach einer Spanne Zeit wieder die neuen Waffen, verhelfen wieder zu neuen Erfolgen, um schließlich wieder eine neue Gegenströmung auszulösen und so fort und so fort. Alles erreicht einmal seinen Höhepunkt, um dann allmählich zu verebben. Das ist ein Naturgesetz. Und mit der Kraft dieses Naturgesetzes hat der Druck „Morphy" den Gegendruck „Steinitz" ausgelöst.

Mit Steinitz ist in der Entwicklung des Schachspiels ein Wendepunkt eingetreten. Hatte man bis dahin im Spiel fast ausschließlich alle Kräfte auf den Angriff konzentriert, sich immer nur mit dem Gedanken herumgetragen, den Gegner so rasch als möglich mattzusetzen und die Verteidigung als eine unangenehme, hin und wieder unerläßliche Notwendigkeit angesehen, so war Steinitz der erste, dem die Verteidigung eine wissenschaftlich erkannte, gern und virtuos geführte Waffe wurde. Gleich Morphy war es ihm vermöge seiner Genialität möglich geworden, die Mängel der damaligen Spielführung, die vor allem in einer Vernachlässigung der Verteidigung lagen, zu erkennen und auszunützen. Nur das Mittel, das er zur Erreichung dieses Zweckes benutzte, war ein anderes, ein konträres. Er wählte nicht den Weg, auf Grund tieferer Beurteilung der Situation, auf Grund höherer Begabung, in einer Stellung mehr Schwächen zu erkennen als der Gegner und so die mathematische Wahrscheinlichkeit für sich zu haben, bei prinzipiell gleichartiger Spielbehandlung, nämlich im Angriffsstil zu gewinnen. Er ging von einem höheren Standpunkt aus. Er urteilte nicht relativ, sondern absolut und mußte sich bald sagen, die herrschende Spielführung sei ungenügend. Vielleicht mochte seine neue Auffassung über das Schach etwa wie folgt entsprungen sein: Er gewann gegen irgend jemand eine Partie. Hatte den Anzug gehabt, irgendein flottes Gambit gespielt, irgendwie den Gegner überlistet. Für mittelmäßige Naturen mag dies genügend sein. Steinitz aber war ein tiefer Denker. Er mochte während des Spiels da und dort bemerkt haben, daß dem Gegner bessere Verteidigungszüge zu Gebote standen. Mochte sich nach der Partie hingesetzt und die Stellung untersucht haben. Mochte, je mehr er suchte, desto mehr Möglichkeiten, die der Gegner nicht wahrgenommen hatte, entdeckt haben. Mochte auf diese Weise gelegentlich eine andere und wieder eine andere und schließlich eine große Anzahl von Partien zerpflücken, um endlich zu der Erkenntnis zu gelangen, der ganze gegenwärtige Angriffsstil sei im Grunde verfehlt und könne einer umsichtigen, korrekten Verteidigung nicht standhalten. Die Gambiteröffnungen, das mutige Geringschätzen des Bauernmaterials schien ihm korrekt und bei beiderseits gleichwertigem Spiele selbstmörderisch. Er erkannte, daß die mit Vorliebe gewählten Gambiteröffnungen nur deshalb mit soviel Erfolg gespielt wurden, weil die Verteidigungskunst zu wenig beachtet und unentwickelt war. Er erkannte den objektiv gewaltigen Unterschied, den es ausmacht, ob man eine Partie durch großzügige Aktionen, subtile Pläne zu seinen Gunsten wendet, oder ob man sie hasardmäßig durch Verwirrung des Gegners gewinnt. Eine solche Art des Spieles konnte ihn nicht befriedigen. Bald wendete er sich daher von dem Angriffsstil ab. Er sagte sich, daß der Verteidiger in seinem materiellen Mehrbesitz — gewöhnlich eines Bauern — eigentlich nur das Problem zu lösen habe, die schon in der Eröffnung auf Gewinn stehende Partie zu gewinnen. Sich auf keine verfrühten stürmischen Gegenaktionen einzulassen, sondern zunächst die Entwicklung zu vollenden, die Beute verteidigen und schließlich siegreich zu verwerten. Es war klar, daß diese Erwägung, von einem

4

großen Schachspieler angestellt, also unter Voraussetzung der Kraft, die zu ihrer Befolgung nötig war, bald zu großem Erfolg führen mußte. Glänzte ja aus ihr die Verheißung, einen Großteil der Nachzugspartien quasi mühelos zu gewinnen. Und wenn nun der betreffende Spieler als Anziehender seinen Gegnern in der Eröffnung nicht die gleichen Chancen gab, sondern auf volle Erhaltung des Materials und harmonische Entfaltung der Kräfte bedacht war, so durfte er auch damit große Hoffnungen verbinden, weil er annehmen konnte, die Gegner werden einen ruhigen Spielbeginn ihrerseits geringschätzen, frühzeitig zum Gegensturm blasen, sich Blößen geben und an richtiger Gegenwehr zugrunde gehen. Die Erwägung war richtig, sie hat sich bewährt. Steinitz war der große Mann, der sie durchführen konnte.

Vor und um Steinitz herrschte allgemein eine Furcht vor Angriffen, eine instinktive Scheu, sich in schwierige, beängstigende Verteidigungsstellungen zu begeben. Man ist viel lieber in offener Feldschlacht zugrunde gegangen. Steinitz hat erkannt, daß diese Furcht nicht am Platze war und nur mit Überlieferung oder persönlicher Schwäche begründet werden konnte. So hat er im unerschütterlichen Vertrauen auf seine neuen Prinzipien gehandelt, Erfolg auf Erfolg errungen und Dezennien hindurch den erkämpften Rang als stärkster Spieler der Welt behauptet, bis er schließlich einem noch Größeren, Dr. Lasker, weichen mußte.

Den von Steinitz aufgestellten Theorien, der von ihm begründeten Richtung strömten nach und nach in Scharen die Anhänger zu, ebenso aus den Kreisen der Schachfreunde, wie aus den Kreisen der Meister. In den Turnieren trat der kühne Husarenstil allmählich in den Hintergrund und eine Partiebehandlung hervor, welche die Prinzipien des Weltmeisters respektierte. So konnte es auch nicht daran fehlen, daß da und dort der Steinitzstil überprüft und nach neuen Wegen gesucht wurde, ihm standzuhalten, ihm eine würdige Kampfmethode entgegenzustellen.

Derjenige Mann, dem es vorbehalten blieb diese Aufgabe zu lösen, war Dr. Tarrasch.

Wie und warum die Partner gegen Steinitz verloren haben, wo sie ihre prinzipiellen Fehler gemacht und wie sie den Kampf richtig zu führen gehabt hätten, sowie warum Steinitz verhältnismäßig oft strauchelte, das zu ergründen, war sein Verdienst. Er hat die jedem Stein innewohnende Kraft mathematisch festzustellen versucht, hat erkannt und gelehrt, wie diese Kräfte bei sparsamster Zeitverwendung derart zu verteilen sind, daß sie gegen alle möglichen Überfälle die richtige Widerstandskraft, bei allen möglichen Gelegenheiten volle Aktionsfähigkeit entwickeln können. War Steinitz vom Vertrauen auf die Widerstandskraft aller erdenklichen Stellungen beseelt und nimmer müde, das Problem jeder Verteidigungsstellung zu lösen, so wich Dr. Tarrasch dieser überaus beschwerlichen, aufreibenden Aufgabe aus. Ihn beseelte der feste Glaube an die selbständige Kraftwirkung der Steine!

Hat Steinitz auf den Angriff des Gegners geradezu gelauert, sich auf die Verteidigung und den endlichen Sieg gefreut, so hat Dr. Tarrasch getrachtet, durch methodische Entwicklung dem gegnerischen Angriff im vorhinein den Boden zu entziehen, also Angriffe nach Möglichkeit gar nicht zuzulassen und schwere Verteidigungsstellungen zu meiden.

Fast gleichzeitig mit Dr. Tarrasch begann Dr. Lasker sein Wirken, doch war er, was Spielauffassung und Spielweise anbelangt, jenem von Anbeginn voraus. Während sich Dr. Tarrasch zwar auf dem von Steinitz geschaffenen Boden entwickelt hatte, aber dann seine eigene Tätigkeit vielfach in direktem Gegensatz zu diesem entfaltete, ist Dr. Lasker auf dem von Steinitz gebahnten Weg geradlinig fortgeschritten. Ähnlich wie Steinitz hat er die Verteidigung, mag sie auch noch so schwierig erschienen sein, nie gefürchtet, ja sogar oft — und das ist ein besonders deutliches Ähnlichkeitsmerkmal — den feindlichen Angriff provoziert, was Tarrasch nie getan hat.

Was Lasker über seine Vorgänger erhebt, ist eine viel größere Elastizität des Geistes und eine untrügliche, immer kühl objektive Urteilskraft. Er wird der Philosoph genannt, und es gibt tatsächlich für den Schachspieler, wie für den Menschen Lasker kein treffenderes Prädikat. Warum der Philosoph? Weil er das philosophische Doktorat besitzt? Weil er philosophische Bücher geschrieben hat? Das sind gewiß Gründe. Aber den wahren Grund zeigt erst die Analyse seiner selbst, die uns beim Studium seiner Schriften möglich wird. Da präsentiert sich uns ein Mensch, ein Denker, der die Grenzen des menschlichen Könnens genau erfaßt, der nie, wie so viele andere Künstler, Schachmeister, Zeit und Kraft auf das verschwendet hat, was über diese Grenzen hinausragt, sondern der von Anbeginn den Hebel seines Genies an der richtigen Stelle einsetzte. Die Grenzen des menschlichen Könnens sind weit, ungeheuer weit gesteckt. Eng sind sie im Vergleich zur Ewigkeit zur Unendlichkeit, — für uns endliche Menschen sind sie weit. Einer von Ungezählten kann ihnen ab und zu einmal nahekommen. Viele große Geister sind daran zerschellt, daß sie das stete Fühlen dieser Grenzen nicht ertragen konnten, viele Unfähige haben die Schlösser ihrer Träume jenseits dieser Grenzen aufgebaut, damit verhüllend oder einbekennend, daß sie nicht imstande seien, am Diesseits zu materiellem Besitz oder zu festen Erkenntnissen

6

zu gelangen. Lasker hat immer nur nach Erreichbarem gestrebt und in diesem Sinne seine erlesenen Fähigkeiten und Kräfte eingesetzt. Nicht daß er etwa an den letzten Dingen achtlos vorübergegangen wäre. Er hat auch diese, die Ungreifbaren, die Unkennbaren erfaßt und erkannt, sicherlich viel tiefer als irgendeiner, der ihnen im alchimistischen Brüten sein ganzes Leben widmete. In mathematisch-philosophischer Überlegung hat Lasker sein Wollen und Können geordnet, seine Kräfte verteilt, sich bestimmte Ziele vorgeschrieben und dabei niemals das ewige Walten der transzendentalen Kräfte vergessen. Er hat sie mathematisch gefaßt, als unausweichliche Notwendigkeiten in Rechnung gestellt. Auf diese Weise sind ihm Glück und Unglück, Zufall und dergleichen gleichsam unter den Fingern zerronnen, sie konnten ihn weder freudig noch schmerzlich überraschen. Welcher Mensch, welcher Schachspieler kennt nicht die niederschmetternde Wirkung eines unglücklichen Zufalls oder die entmutigenden Folgen, wenn einmal die Kraft, oft sogar vor verhältnismäßig leichten Aufgaben, erlahmt, für einen Augenblick versagt. Er muß deshalb kein Optimist gewesen sein. Er war vielleicht bloß einer, den das Glück so und so lange mit seinen Gaben bedacht hat und der schon vergessen hatte, daß es auch ein Unglück gibt. Solche Vorfälle pflegen dann in dem Betreffenden noch lange nachzuwirken, ihm ein Gefühl der Unsicherheit zu geben, seinen Glauben wankend zu machen und seiner Kampfkraft, wenigstens für einige Zeit, die moralische Grundlage zu entziehen. Alles die Folge davon, weil er an das Vorhandensein von so und soviel unbekannten Hindernissen nicht gedacht, noch viel weniger den Wahrscheinlichkeitsgrad eines Zusammenstoßes berechnet hatte.

Nun, mit allen feindlichen Einflüssen, nicht nur mit den augenscheinlich vorhandenen, sondern auch mit den unbekannten, eventuell möglichen, jederzeit zu rechnen, das heißt, sich vorbildlich verteidigen. Es ist dabei durchaus nicht nötig, jeden plötzlich aufgetauchten Feind zu besiegen. Ein solcher Vorsatz würde die menschliche Machtsphäre weit überschreiten. Nur darf eine eventuelle Niederlage nicht den moralisch Unvorbereiteten treffen.

So ist Lasker durch richtige philosophische Kalkulation der größte Verteidiger geworden und auf seine Verteidigungskunst gründet sich in erster Linie seine monumentale Bedeutung im Schach.

Der Umstand, daß er wie auf dem Brett bei jedem Zug, so auch innerlich, bei jedem Gedanken die praktischen Drohungen wie die theoretischen Aktionsmöglichkeiten des Feindes nie vergißt und sich für den Zwangsfall immer ein gewisses Maß an Kampfenergie in Reserve hält, ermöglicht es ihm, all seine Angriffskräfte ungestört arbeiten zu lassen. Es ist, als wäre sein Ich geteilt, die eine Hälfte bewachte

Haus und Hof, die andere stünde weit draußen im Kampf. Gleich Steinitz glaubt er an die Widerstandskraft, die verborgenen Verteidigungsmöglichkeiten, die in noch so bedrängten Stellungen ruhen, aber er vergißt dabei nicht die menschliche Unzulänglichkeit. Deshalb ist er nicht so waghalsig wie jener, weniger vom Glauben als von logischen Erwägungen beherrscht.

Und das Rad der Schachgeschichte hat sich abermals gedreht. Eine neue Sonne stieg auf dem Schachhimmel auf, ein neuer König sitzt auf dem Schachthron: Capablanca. Um es vorweg zu sagen: Auch seine Vorrangstellung stützt sich auf eine überlegene Verteidigungskunst, nur ist diese wieder anderer Art als die seines Vorgängers. Es besteht zwischen beiden ungefähr das gleiche Verhältnis wie zwischen Steinitz und Tarrasch. Wollten wir die Entwicklungslinien dieser vier Meister graphisch darstellen, so würden Steinitz und Lasker zwei Parallelen bilden, zu denen im Winkel zwei andere Parallelen, Tarrasch und Capablanca verlaufen. Wenn wir das Spiel dieser vier von der Technik entkleiden und versuchen, deren Kampfprinzipien nackt vor uns zu sehen, so können wir feststellen: Steinitz und Lasker haben die Verteidigung an sich immer geliebt, sie oft sogar als Mittel zum Zweck benützt, während Tarrasch und Capablanca die Verteidigung so weit als möglich gemieden, das heißt immer das Bestreben gehabt haben, sich so zu entwickeln, daß die Gegner nur selten Gelegenheit fanden, Erfolg versprechende Angriffe einzuleiten. Gleich Tarrasch hat auch Capablanca es nie versucht, die Verteidigung als Mittel zum Zweck zu benutzen, also etwa eine Partie durch Provozierung eines objektiv vielleicht sehr gefährlichen Angriffes zu gewinnen. Steinitz und Lasker haben dies oft getan.

Capablancas Verteidigung ist vorwiegend prophylaktischer Natur. Sie läßt sich etwa damit vergleichen, daß ein starkes Volk an den Grenzen seines Landes einen derart vortrefflich ausgebauten Festungsgürtel besitzt und über eine derart vortrefflich geschulte und schlagfertige Armee verfügt, daß es einen feindlichen Angriff kaum ernstlich zu erwarten hat. Dieses Volk wird viel seltener einen Verteidigungskrieg zu führen haben, da es nur selten einmal ein Feind riskieren wird, gegenüber einer solchen Bereitschaft anzugreifen, und dieses Volk wird anderseits ab und zu Gelegenheit finden, einen im günstigen Augenblick eröffneten Angriffskrieg siegreich durchzuführen. Trotzdem wird es vielleicht weniger Kampferfolge aufzuweisen haben wie irgendein anderes Volk, welches weniger offen gerüstet ist, leichter angreifbar erscheint, aber die Kraft und Geschicklichkeit besitzt, die sorglos eingedrungenen Gegner unvermutet zu überfallen und mit blutigen Köpfen heimzuschicken.

Dieser Vergleich soll den Stil Capablancas im Verhältnis zu dem Laskers charakterisieren; auf verschiedene Einzelheiten kommen wir später.

In ihren Anfängen schon in den letzten Vorkriegsturnieren erkennbar, ist in der Nachkriegszeit eine neue Schachepoche angebrochen. Das Schlagwort von der Hypermodernen geht von Mund zu Mund. Wir wollen sie diesmal, die soviel besprochene, nur vom Standpunkte der Verteidigung beleuchten.

Im Absatz „Capablanca" gaben wir ein graphisches Beispiel. Fügen wir dem noch ein diametral verlaufendes Linienpaar hinzu, so können wir es mit „Morphy" und „Hypermoderne" beschreiben.

Die Meister dieser letzten Zeit, voran ihr Verkünder Nimzowitsch, haben sich die Errungenschaften der Defensivperioden Steinitz bis Capablanca zunutze gemacht, haben sich alle technischen Errungenschaften dieses halben Jahrhunderts angeeignet, manches verfeinert und ergänzt. Aber das leitende Prinzip ihres Wirkens ist nicht die Verteidigung, sondern der Angriff. Das was Steinitz und Lasker, Tarrasch und Capablanca in der Verteidigung geleistet haben, ist mehr als ein natürliches Gegengewicht zur Ära Andersen-Morphy und führte schließlich in den Meisterturnieren zu einer Hypertrophie des Verteidigungsgedankens. Die junge Schachgeneration sah, daß die üblichen Angriffsmethoden gegenüber der viel weiter vorgeschrittenen Verteidigungstheorie nicht ausreichten. Aber die Jugend liebt den Sturm, den kühnen Angriffssieg. So begann es in den jungen Gehirnen zu arbeiten. Lechzend nach Angriffswaffen gingen die Modernen an ihre vielleicht unbewußt gestellte Aufgabe. Und wiewohl fast jeder von ihnen einen anderen Weg eingeschlagen hat, andere Mittel versuchte, so ist doch bei allen ein und derselbe leitende Drang zu erkennen: Die stickig gewordene Atmosphäre eines übervorsichtigen Zeitalters im frischen Vorwärtsdrang hinwegzufegen.

Beim Studium ihrer Partien erkennt man ihren unbedingten Angriffswillen. Was sie in der direkten Verteidigung leisten — es handelt sich nicht um Varianten! — war fast alles schon da, ist wenig Neues. Neu oder vielmehr wieder neu ist aber der Angriffsgedanke, der in den modernen Eröffnungen, besonders in den Verteidigungen, Zug um Zug zum Ausdruck kommt. Der Wille, auch im Nachzuge rasch den Angriff an sich zu reißen, herrschte schon in der Andersen-Morphy-Zeit. Er tritt, wenn auch in vollkommen veränderter Form, bei den Modernen wieder hervor. Bei oberflächlicher Beurteilung ist er gewiß nicht wieder zu erkennen. Die Technik, welche im Vergleiche zu der erwähnten Zeit ungeheure Fortschritte gemacht hat, zwang die Spieler, ihre Absichten zu maskieren und zumindest ohne materielles Risiko zu operieren. Auch hat es eben diese hochentwickelte Technik, mittels welcher heutzutage selbst ein schwacher Spieler einem sehr starken oft hartnäckigsten Widerstand zu leisten vermag, und mit deren Hilfe er sogar in die Lage kommen könnte, verfrühte Angriffe siegreich abzuwehren, diese Technik hat es mit sich gebracht, daß sich der Angriff der Modernen nicht wie der Morphys, gleich den feindlichen König zum Ziel setzen kann, sondern sich auf kleine Frontabschnitte beschränken muß, wenn er einigermaßen Aussicht auf Erfolg bieten soll. Man trachtet heute dem Gegner da oder dort im Angriffe eine minimale Schwächung beizubringen und diese dann technisch zum Siege auszunützen.

Resümieren wir also, bevor wir zu Beispielen und Einzelheiten übergehen:

In der Andersen-Morphy-Periode spielt der Verteidigungsgedanke eine untergeordnete Rolle, die Angriffsideen dominieren. In den Perioden Steinitz bis Capablanca schwingt sich die Verteidigung — teilweise vielleicht unbewußt — zum leitenden, wichtigsten Prinzip auf, um in der letzten, also unserer Epoche, neuerdings dem Angriffsgedanken zu weichen, der bei den Modernen wieder die Rolle des Ideals übernommen hat.

Wer hat nun recht? Die Verteidigungsmutigen? Die Angriffslustigen? Jede der vielen Richtungen ist — von einem historischen Standpunkt betrachtet — nach logischen Gesetzen entstanden, mußte entstehen, mußte vergehen, den Wogen der Vergänglichkeit folgend. Das Entstehungsbild ist immer gleich: anfangs suchend, unsicher, in der Mitte strahlend, letzte Wahrheit verkündend, im Ausklang innerlich erschöpft ins Leere verhallend. Eine dieser vielen Richtungen rückblickend als die einzig richtige zu preisen wäre kleinlich. Praktisch wird allerdings jedermann einer Richtung angehören, denn nur ganz wenige Genies haben die Kraft, über ihre Zeit hinauszugehen, unbehelligt von anderen Einflüssen emporzuklimmen. So vor allem Lasker, der durch mehrere Epochen seine Stellung behauptete, der zwar physisch aber nicht schachlich altern kann, denn mit seinen schmiegsamen Prinzipien kann er sich rasch in jede neue Kampfesweise harmonisch einfügen.

Festgestellt soll hier nur werden, daß ganz große Meister vornehmlich des halb ihre Mitwelt überragten weil sie ihr in der Verteidigung überlegen waren! Das war nicht nur bei Steinitz, Tarrasch, Lasker und Capablanca, das war sogar bei Morphy (!) der Fall und das zeigt sich auch in unserer angriffsfrohen Periode, wo lange Zeit Aljechin allein voranstürmte, nur weil er den übrigen an Sicherheit, also Verteidigungskraft, überlegen war.

10

II. Die Verteidigung im Spiegel der Eröffnung

Je nach der Kampfauffassung des Spielers und je nach der gegebenen Lage kann die Verteidigung ihre Form ändern.

Wir wollen fünf Arten unterscheiden:

1. die passive,
2. die aktive,
3. die automatische,
4. die philosophische und
5. die aggressive Verteidigung.

An Hand einiger Eröffnungsbeispiele lassen sich diese fünf Arten ungefähr demonstrieren.

Die passive Verteidigung beschränkt sich auf direkte Abwehr feindlicher Drohungen.

Die aktive Verteidigung geht aus der passiven hervor, ist Gegendrohung, Gegenangriff.

Automatisch verteidigt sich ein Spieler, wenn er etwa dem Beispiele Tarrasch' oder Capablancas folgend, passives Verhalten soweit als möglich meidet und vor allem bestrebt ist durch freie, offene Entwicklung sämtlicher Steine das Entstehen feindlicher Angriffe auszuschalten.

Philosophische Verteidigung nennen wir die Bekämpfung des gegnerischen Willens. Der Gegner wird genötigt in Spielweisen einzulenken, die seinen Absichten entgegenlaufen. Das ist von starker psychologischer Wirkung und erhöht die Kraft der Verteidigung bedeutend, selbst dann, wenn der Angreifer objektiv in günstiger Lage ist.

Die aggressive Verteidigung darf nicht mit aktiver verwechselt werden. Sie wartet nicht auf Gelegenheit zum Gegenangriff, sondern ist ein sofortiger unmittelbarer Angriff statt jeder Verteidigung. Sie setzt ein, bevor der Gegner (Weiß) mit seinem Angriff beginnen konnte

Wollen wir uns nun mit jeder einzelnen dieser Verteidigungsarten näher befassen.

Passive Verteidigung

Der Spieler beschränkt sich auf direkte Abwehr feindlicher Drohungen, als Gambitnehmer auf die starre Behauptung des materiellen Mehrbesitzes. Die passive Verteidigung ist natürlich nur in einzelnen Partieabschnitten anwendbar und ratsam. Mit ihr allein lassen sich Partien nicht gewinnen, wenn nicht grobe Fehler seitens des Gegners vorangehen. Theoretisch wäre es vielleicht möglich, damit ein Gambit siegreich zu verteidigen. Wenn man nämlich der Ansicht ist, daß die Behauptung des Gambitbauern ein zum Gewinn ausreichender Vorteil ist. Dies ist selten richtig. Die passive Verteidigung muß so bald als möglich von der aktiven, vom Gegenangriff abgelöst werden.

Untersuchen wir:

1.	e2—e4	e7—e5
2.	d2—d4	e5—d4:
3.	Sg1—f3	....

Mit der Dame wieder zu schlagen ist ein Verstoß gegen die Prinzipien der Selbstverteidigung. (Selbstverteidigung wollen wir jene Defensivpflicht nennen, welche der Angreifer während seiner Aktionen ständig beobachten muß.) Hier würde Schwarz Gelegenheit haben, durch Angriff auf die feindliche Dame Zeit zu gewinnen.

3.	...	c7—c5

Die einzige Art, den Bauern sicher zu behaupten. Sie ist bekannt ungünstig. Weiß erhält großen Entwicklungsvorsprung, sein Angriffswille wird begünstigt, seine Angriffsmöglichkeiten werden vermehrt. Der schwarze Zug wirkt den feindlichen Absichten in keiner Weise entgegen. Er entbehrt also der wichtigsten Eigenschaft eines guten Verteidigungszuges. Solche wären Sb8—c6, Sg8—f6 (aktiv!), d7—d6 oder Lf8—c5. Jeder dieser Züge tritt der feindlichen Absicht entgegen, indem damit der Aufmarsch der Verteidigungstruppen einsetzt und Weiß schließlich Zeit verlieren muß, um den geopferten Bauer zurückzugewinnen.

Eine andere Stellung:

1.	e2—e4	e7—e5
2.	f2—f4	e5—f4:
3.	Sg1—f3	h7—h6!

Schwarz will den Gambitbauer verteidigen. Würde er sofort g7—g5 ziehen, so könnte Weiß mit 4. h2—h4! fortsetzen, was den im Königsgambit besten Angriff ergibt, nachdem damit die feindliche Bauernkette sofort gesprengt wird. Die Korrektheit des Allgayer oder Kieseritzky-Gambits ist eine andere Frage. Sicher ist, daß h2—h4 die logischeste Fortsetzung des weißen Angriffs bildet.

| 4. | Lf1—c4 | .... |

h2—h4 als Präventivzug, also um die Entstehung der schwarzen Bauernkette zu verhindern, wäre schlecht und würde infolge Schwächung des Königsflügels dem Gegner noch größere Vorteile einräumen. Sg8—f6 wäre dann die richtige Antwort.

| 4. | .... | d7—d6 |

Zu g7—g5 liegt noch keine Notwendigkeit vor.

5.	d2—d4	g7—g5
6.	0—0	Lf8—g7
7.	c2—c3	Sg8—e7!
8.	g2—g3	g5—g4
9.	Sf3—h4	f4—f3
10.	Lc1—e3	....

Das Opfer Sh4—f3: usw. wäre nicht korrekt, da Weiß zu wenig Truppen im Kampf hat. Er trachtet daher rasch die übrigen Figuren zu entwickeln und dann den Damenspringer zu opfern. Ein von Sékely im Gambitturnier zu Abbazzia erfolgreich angewandtes Verfahren.

10.	....	Sb8—c6
11.	Sb1—d2	0—0
12.	h2—h3!	....

Um vor dem folgenden Opfer noch eine Linie zu eröffnen.

| 12. | .... | h6—h5 |

Die Bauernkette muß natürlich gehalten werden.

| 13. | h3—g4: | h5—g4: |
| 14. | Sd2—f3:! | g4—f3: |

15. Dd1—f3: nebst eventuell Kg1—g2, Tf1—h1, Ta1—f1 usw. mit unwiderstehlichem Angriff.

Da muß also ein Fehler geschehen sein. Aber wo? Schwarz hat doch anscheinend lauter gesunde Züge gemacht, den Gambitbauer verteidigt und den Gegner sogar zum Opfern gezwungen, denn anders war der weiße Angriff nicht fortzusetzen.

Der Fehler des Schwarzen lag in einer zu langen Beibehaltung der Passivität. Die Behauptung des Gambitbauern genügt nicht. Notwendig war eine Gegenaktion. Der Angriff richtet sich vor allem gegen f7. Die Verteidigung wäre leicht, wenn Lc8—e6 geschehen könnte. Und dieser Zug wäre möglich geworden, wenn Schwarz statt 0—0

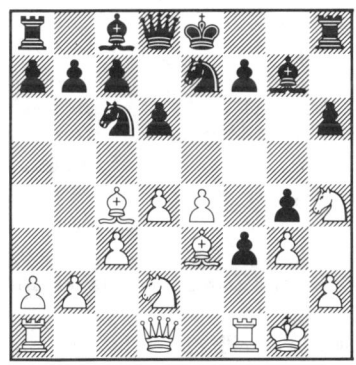

11. .... d6—d5! gezogen hätte. Damit hätte er im Zentrum ein erfolgreiches Gegenspiel eröffnet, wäre aus der passiven in die aktive Verteidigung übergegangen. Sein Vorteil wäre dann klar. Man prüfe:

11.	....	d6—d5!
12.	e4—d5:	Se7—d5:

Nun kann Lc8—e6 folgen und der Vorteil von Schwarz ist evident.

Aktive Verteidigung

Sie ist der Gegenangriff, der einzusetzen hat, sobald die direkten Verteidigungsmittel nicht mehr ausreichen oder sobald der direkten Verteidigung keine Aufgaben mehr zustehen. Ein schönes Beispiel ist die Steinitz-Verteidigung der Spanischen:

1.	e2—e4	e7—e5
2.	Sg1—f3	Sb8—c6
3.	Lf1—b5	d7—d6

Also zunächst passiv!

4.	d2—d4	Lc8—d7

Das ist bereits aktiv. Wenn jetzt Weiß den schwarzen Königsbauer erobert, so fällt sein eigener Königsbauer.

5.	Sb1—c3	....

Deckt den eigenen Königsbauer und damit wird der Angriff auf den feindlichen wieder akut.

5.	....	Sg8—f6

Setzt das aktive Verfahren fort. Wieder würde als Ersatz für e5 der Bauer e4 fallen. Schwarz erlangt nun in bekannter Weise ein in manchen Varianten gedrücktes aber schwächenloses und daher verteidigungsfähiges Spiel.

Ein anderes Beispiel, ebenfalls aus der Spanischen. Die Bogoljubowsche Variante:

1.	e2—e4	e7—e5
2.	Sg1—f3	Sb8—c6
3.	Lf1—b5	a7—a6
4.	Lb5—a4	Sg8—f6

Wieder die aktive Verteidigung wie im vorigen Beispiel.

5.	0—0	Lf8—e7
6.	Tf1—e1	b7—b5
7.	La4—b3	d7—d6
8.	c2—c3	0—0

Dieser und der nächste Zug bilden die Variante.

9.	d2—d4	....

Damit vernachlässigt Weiß die Selbstverteidigung. Der Gegner

14

kann jetzt eine verheißungsvolle Aktivität entwickeln. Das Zentrum sollte erst geschützt und dann aufgebaut werden. Nämlich: 9. h3 und dann d4.

9. .... Lc8—g4!

Ein starker Angriff auf die weiße Mitte und im richtigen Augenblick unternommen! So hat Bogoljubow in London gegen Capablanca gespielt und eine sehr gute Stellung erlangt (10. Le3, ed: 11. cd:, Sa5 12. Lc2, Sc4 13. Lc1, c5! 14. b3, Sa5 15. Lb2, Sc6 16. d5, Sb4 usw.).

Wie verhängnisvoll es jedoch werden kann, mit der aktiven Verteidigung nicht im richtigen Augenblick einzusetzen, zeigt eine andere mit dieser Variante gespielte Partie: Lasker-Bogoljubow aus Mähr.-Ostrau. Dort tauschte Schwarz im 9. Zug auf d4 und zog erst dann Lg4. Die Folge war, daß sich Weiß die Befreiung des Feldes c3 zunutze machte, Sc3 zog und überlegenes Spiel behauptete.

Das war ein Fall von verspäteter Aktivität.

Sehr zahlreich sind die entgegengesetzten Fälle, wo nämlich der Verteidiger zu früh aktiv wird.

Etwa die russische Partie:

1. e2—e4 e7—e5
2. Sg1—f3 Sg8—f6

Der Bauer e5 ist angegriffen. Unseren Grundsätzen gemäß hätte ihn Schwarz direkt decken sollen und zwar am besten mit Sb8—c6. Statt dessen wählt er aber die Methode des Gegenangriffes. Das ist verfrüht und sollte sich irgendwie rächen.

3. Sf3—e5:! ....

Weiß muß so spielen, daß der Gegner gezwungen ist, seinen verfrühten Angriff auszuführen. Bei anderen Zügen, etwa d2—d4, könnte Schwarz ausgleichen.

3. .... d7—d6

Andere Züge sind bekanntlich schlechter.

4. Se5—f3 Sf6—e4:
5. d2—d4 d6—d5
6. Lf1—d3 Lf8—d6
7. 0—0 Lc8—g4
8. Tf1—e1 f7—f5
9. c2—c4 Sb8—d7
10. c4—d5: 0—0
11. Ld3—e4: f5—e4:
12. Te1—e4: Lg4—f3:
13. g2—f3: Dd8—f6

Schwarz hat 2 Bauern verloren, seine Stellung ist aber sichtlich gut. Wo hat also Weiß einen Fehler gemacht? Vielleicht als er sich, um den zweiten Bauern zu erobern, die Königsstellung aufreißen ließ. Versuchen wir dies zu vermeiden:

11. Sb1—c3   Sd7—f6

Jetzt hat Weiß nur einen Bauer mehr, aber seine Stellung ist unbequem. Der Läufer g4 und der Springer e4 wirken sehr drückend. In der Meisterpraxis gelieferte Partien lassen erkennen, daß Schwarz die besseren Chancen hat. Wenn aber 2. .... Sf6 doch verfrüht war, muß .eben der Fehler des Weißen noch weiter zurückliegen. Überlegen wir. Wodurch konnte Schwarz aus einer schwächeren Eröffnung zu der guten Stellung gelangen? Indem er die Stellung des Se4 befestigen und den Fesselungszug Lg4 ausführen konnte. Dies wurde möglich, nachdem Weiß d2—d4 gezogen hatte. Er hätte zunächst den fürwitzigen Springer vertreiben sollen. d2—d3 würde zwar diese Aufgabe erfüllen, aber noch zu keinem Vorteil führen, denn nach Se4—f6 wäre eine symmetrische Stellung erreicht und die einzige offene Linie, zu deren Besetzung beide Spieler gezwungen wären, ließe frühzeitigen Turmtausch mit Remisschluß wahrscheinlich erscheinen. Weiß kann sich aber die exponierte Stellung des feindlichen Springers unter Vermeidung weitgehender Symmetrie besser zunutze machen:

4. Dd1—e2   Dd8—e7
5. d2—d3   Se4—f6
6. Lc1—g5   ....

Nun steht Schwarz unbequem. Tauscht er die Damen, so hat Weiß fühlbaren Entwicklungsvorsprung. Zieht er Lg4, so kann Lf6: geschehen und er muß sich mit g7—f6: die Bauern verschlechtern, da der Nachahmungszug Lf3: an De7‡ scheitert. Auf andere Züge, wie Sc6 oder Le6 kann sich Weiß mit Sc3 und 0—0—0 weiter entwickeln und behält immer ein kleines aber fühlbares Stellungsübergewicht. —

Verfrühte Aktivität finden wir auch im Albinschen Gegengambit sowie im Falkbeergambit. Im letzteren Falle bleibt der Verteidiger — beiderseits gutes Spiel vorausgesetzt — straffrei. Er kann sich den sofortigen Gegenangriff leisten, da ein gegnerischer Fehler vorangegangen ist, der Gambitzug f4. Ein Fehler prinzipieller Natur, denn Weiß hat damit das Gesetz der Selbstverteidigung verletzt, seinen Königsflügel geschwächt, den Angriff nicht mit der richtigen Vorsicht eingeleitet.

Eine hoch in Ansehen stehende Verteidigung des Springergambits ist die folgende:

1. e2—e4   e7—e5
2. f2—f4   e5—f4:

16

3.	Sg1—f3	d7—d5
4.	e4—d5:	Sg8—f6

Dieses System hat Rubinstein für beide Teile geistreich aus-
gearbeitet.

5.	Sb1—c3	Sf6—d5:
6.	Sc3—d5:	Dd8—d5:
7.	d2—d4	Lf8—e7!

Eine feine Deckung des Bauern f4, der nun wegen De4† usw.
nicht geschlagen werden kann. Viel schlechter ist Ld6, denn darauf
kann später der weiße c-Bauer Tempi gewinnend vorrücken.

8.	Lf1—d3	....

Jetzt droht Lf4:.

8.	....	g7—g5
9.	Dd1—e2	....

Droht c4, Da5†, Ld2 mit gewaltigem Angriff.

9.	....	Lc8—f5
10.	Ld3—f5:	Dd5—f5:
11.	g2—g4!	....

Sehr geistreich. Weder fg: e. p. noch Dg4: darf geschehen. Weiß
würde entweder durch 12. Lg5: oder 12. Tg1 nebst Tg5: in entscheidenden Vorteil kommen. Die Dame muß also weichen und zwar
so, daß sie g5 gedeckt hält und die Drohungen h4 (Sprengung der
Bauernkette) sowie Db5† (Bauerngewinn) nicht außer acht läßt. Da
gibt es nur einen Zug:

11.	....	Df5—f6

Schlecht wäre De6 wegen 12. D:D nebst h4 und Sprengung.
Weiß kann nun auf Bauerngewinn spielen, aber dann bekommt
Schwarz entscheidenden Angriff.

12.	h2—h4	h7—h6
13.	h4—g5:	h6—g5:
14.	Th1—h8‡	Df6—h8:

Nun darf Sg5: nicht geschehen, denn darauf würde Dh4† gewinnen.

15.	De2—b5†	Sb8—d7
16.	Db5—b7:	Ta8—b8
17.	Db7—a7:	Dh8—h3!

Mit überlegenem Angriff.

In dieser Variante ist Schwarz in Vorteil gekommen, indem
er unter Umgehung der passiven Verteidigung gleich zur aktiven,
zum Gegenspiel im Zentrum überging. Nach unseren Prinzipien
eigentlich zu bald. Die Aktivität soll erst einsetzen, wenn ihr durch
passives Spiel der Boden bereitet wurde. Durch die temporäre Auf-

opferung des Damenbauern erreicht Schwarz schließlich eine wirksame Damenstellung und in der Folge die Möglichkeit zum Behaupten
des Gambitbauern. Dies hätte Weiß verhindern können und zwar:

| 5. | Lf1—c4 | Sf6—d5: |
| 6. | Lc4—d5:! | .... |

Dieser Zug wurde bisher aus übertriebener Anhänglichkeit an
die Läufertheorie nicht in Betracht gezogen. Er ist aber sehr stark
und verschafft dem Anziehenden ein gutes, ja sogar überlegenes
Spiel. Weiß gelangt zu rapider Entwicklung.

| 6. | .... | Dd8—d5: |
| 7. | Sb1—c3 | |

nebst d4, 0—0 usw.

Schwarz kann wohl besser spielen, indem er auf d5 nicht
zurückschlägt, sondern sich darauf einrichtet, für den Bauer d5 den
Bauer f4 zu behaupten. Damit kann er aber, wenn Weiß sein Zentrum
richtig zu verwerten versteht, bloß Ausgleich erzielen. Ein theoretisch nicht befriedigendes Resultat, wenn man bedenkt, daß Weiß
eine sicherlich nicht ganz korrekte Eröffnung gewählt hat.

Automatische Verteidigung

Dieses Prinzip läßt sich nicht recht an kleinen Beispielen demonstrieren. Man muß dazu schon ein Dutzend Partien von Dr. Tarrasch oder Capablanca nachspielen. Hier ist es der Stil, der die
Stellung in jedem Momente verteidigt. Vor allem werden in der
Eröffnung keine Wagnisse unternommen, das Prinzip des jeweils
objektiv stärksten Zuges wird streng beachtet. Streng beachtet
wird eine weit ausgreifende, vollkommene Figurenentwicklung, Verwicklungen, die jenseits des Berechenbaren liegen, sorglich gemieden.
Psychologie wird nicht getrieben. Im Nachzuge wird rasch eine Aus-
geglichenheit der Stellung angestrebt, niemals — besonders bei Tarrasch — freiwillig ein gedrücktes Spiel auf sich genommen. Die
Gesetze der aktiven und passiven Verteidigung gehen in der automatischen auf. Eine eiserne Mauer wird aufgerichtet, die dem Feinde
ein unübersteigbares Hindernis bietet oder bieten soll. Dahinter
sammeln sich ruhig die eigenen Truppen und brechen siegreich hervor,
wenn sich der vielleicht ungeduldig gewordene Gegner auch nur
das Geringste zuschulden kommen ließ.

Man findet demzufolge auch verhältnismäßig wenig Partien,
wo Tarrasch in seiner Glanzzeit oder Capablanca ernstliche Angriffe über sich ergehen lassen mußten. Unachtsamkeit, Verrechnung
oder sonst ein Anfall menschlicher Schwäche war es meist, wenn der
Feind doch manchmal ihre betonierten Schützengräben überrannt

hat. Seltene Ausnahmen sind die Fälle, wo einer von den beiden in einer Gefahr, in die er sich wissentlich hineingewagt hat, verunglückte. Steinitz ist dies sehr häufig, Lasker zwar nur dann und wann zugestoßen, aber jedenfalls nicht ausnahmsweise.

Philosophische Verteidigung

Das Evansgebiet war ehedem eine der gefürchtetsten Eröffnungen. Ebenso beliebt wie unser heutiges Damengambit oder Damenbauerspiel, hat es jahrzehntelang allen Widerlegungsversuchen getrotzt und auch der große Steinitz konnte ihm nichts Entscheidendes anhaben. Er ahnte zwar die Schwäche dieser Eröffnung, aber sein zu sehr auf das Materialistische eingestellter Geist hat ihn den rechten Weg nicht finden lassen. Der wunde Punkt der Gambiteröffnungen ist meistens nicht das kleine materielle Minus, sondern die damit in irgendeiner Form verbundene Schwächung der Position. Auf dieser Basis hat Lasker das Problem der Verteidigung des Evansgambits gelöst. Zunächst die bekannten Züge.

1.	e2—e4	e7—e5
2.	Sg1—f3	Sb8—c6
3.	Lf1—c4	Lf8—c5
4.	b2—b4	Lc5—b4:
5.	c2—c3	Lb4—a5
6.	d2—d4	....

Bevor wir nun den richtigen Verteidigungszug an dieser Stelle suchen, müssen wir uns über die Ziele des Angreifers klar werden. Er hat unter Aufopferung eines Bauern Zeit erobert und diese Zeit dazu verwendet, sich ein ideales Zentrum aufzubauen. Das war sein schachliches Ziel. Dazu kommt ein zweites, ein psychologisches. Indem er eine Gambiteröffnung wählte, hat er erkennen lassen, daß er die Absicht habe, die Partie nicht im ruhigen Vorwärtsschreiten zu gestalten, sondern gewillt sei, im Sturme Vorteile zu erlangen, die Partie im Angriff zu entscheiden.

Diesen Zielen kommt Weiß einen gewaltigen Schritt näher, wenn der Gegner, wie es anscheinend erzwungen ist, auf d4 tauscht. Dann rochiert Weiß und Schwarz ist vor die Alternative gestellt, dem Gegner entweder durch weiteres Schlagen auf c3 einen enormen Entwicklungsvorsprung einzuräumen, oder aber durch einen Entwicklungszug die Bildung des weißen Idealzentrums zuzulassen. Vor Lasker haben es alle Spieler, welche sich mit dieser Stellung beschäftigen, geradezu als selbstverständlich angenommen, daß Schwarz den weißen Absichten nichts Besseres entgegenzustellen hat, als die Behauptung des Mehrbauern. Man hat versucht, den Zügen des Weißen schlecht und recht zu begegnen, der Wille des Weißen wurde nie angetastet. Höchstens einmal durch eine furchtsame Ablehnung des Gambits umgangen.

Ganz anders überlegte Lasker. Er suchte nach einem Zuge, der gegen beide Ziele des Weißen eine Verteidigung gibt. Dies konnte nur ein Zug sein, der in erster Linie die Bildung des weißen Zentrums verhindert, bzw. ein entsprechendes Gegengewicht schafft. Ferner konnte es nur ein Zug sein, der den Angriffsplänen des Weißen soviel als möglich Hindernisse entgegenstellte. Und so fand Lasker den Zug

6.   ....   d7—d6!!

Dieser Zug verzichtet im vorhinein auf die Eventualität einen zweiten Bauern zu erobern und schafft als Gegengewicht zu dem Zentrum des Weißen einen eigenen Zentrumsposten auf e5. Die Beestigung des Defensivzentrums hemmt nun, wie immer in derartigen Lagen, das Fortschreiten des gegnerischen Angriffes, weil der Verteidiger seine Figuren unbekümmert entwickeln kann ohne jeden Augenblick Angriffe durch die vorrückenden feindlichen Mittelbauern befürchten zu müssen. Schwarz bekommt gute Aussichten auf ebenbürtiges Spiel, wonach sein materielles Plus den Ausschlag geben müßte. Warum hat also den so handgreiflichen Zug d7—d6 vor Lasker niemand gefunden? Sehr einfach: Weiß kann nämlich jetzt den geopferten Bauer zurückgewinnen:

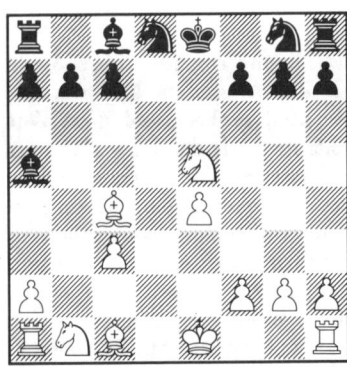

7. d4—e5:   d6—e5:
8. Dd1—d8‡   Sc6—d8:
9. Sf3—e5:

Aber wie weit entfernt ist diese Stellung von den Zielen des Angreifers! Von dem angestrebten Zentrum ist nur die Hälfte geblieben, der Bauer e4, an sich allerdings ein kleiner Vorteil auf dem Königsflügel. Dafür aber hat Schwarz einen noch größeren Vorteil auf dem Damenflügel, nämlich drei geschlossene Bauern gegen zwei isolierte, schutzbedürftige. Was aber das Wichtigste ist — der Wille des Weißen ist vollständig gescheitert. Statt hurtig an-

20

zugreifen, heißt es nun ein trockenes Endspiel zu führen, in welchem der Gegner etwas besser steht. Man versuche nur, eine solche Veränderung der Lage nachzufühlen. Jeder Schachspieler wird schon Ähnliches mitgemacht haben. Der Angreifer ist jetzt nicht nur objektiv ins Hintertreffen geraten, hat nicht nur die Aufgabe zu bewältigen, weiteren Nachteil zu vermeiden, sondern er muß auch die Enttäuschung unterdrücken, die sich in solchen Fällen unweigerlich einzustellen pflegt.

Nimmt aber Weiß den Bauer nicht zurück, so kann Schwarz mit Ld7 fortfahren und e5 behaupten.

Wenn wir das Problem der Verteidigung in drei Teile zerlegen, in den materiellen, in den dynamischen und in den psychologischen, so müssen wir sagen, daß Schwarz im ersten Punkte gleichgezogen, also ein Gleichgewicht des Materials herbeigeführt hat, im zweiten Punkte Vorteil erlangt hat, indem ein Teil seines Materials, die Bauern der Damenseite, besser wirkt, weil er besser verteidigt ist und im dritten Punkte einen Sieg davon getragen hat, indem er den Willen des Gegners zum Scheitern brachte.

In derartigen Lagen ist Lasker besonders groß. Das Hauptproblem der Verteidigung sieht er in der Bekämpfung des feindlichen Willens. Er wird sich schwerlich auf starre Behauptung — sagen wir eines Gambitbauern — einlassen, wenn dies in den Intentionen des Gegners liegt. Er trachtet lieber, selbst auf Kosten gewisser Gefahren, Stellungen herbeizuführen, welche der Gegner offenbar vermeiden wollte.

Versuchen wir Laskers philosophische Denkweise auf eine andere Eröffnung, das schottische Gambit, anzuwenden.

1.	e2—e4	e7—e5
2.	Sg1—f3	Sb8—c6
3.	d2—d4	e5—d4:
4.	Lf1—c4	Lf8—c5
5.	c2—c3	....

Am angenehmsten für Schwarz wäre jetzt die nochmalige Deckung des Bauern d4, also Df6. Aber der Zug scheitert kombinativ an 6. e5! Schwarz darf den Bauer wegen Figurverlust durch 7. De2! nicht schlagen und kommt in Nachteil. Gebräuchlich sind die Züge 5. .... dc˙ oder 5. .... Sf6. In beiden Fällen übersteht Weiß die Eröffnung ohne Nachteil, nichts von den Schwierigkeiten ist zu sehen, die sich bei bester Gegenbehandlung eines Gambits ergeben sollten. Im ersteren Falle hat er die Wahl zwischen raschem Ausgleich und chancenreichem Angriff. Zum Ausgleich führt 6. Lf7‡, Kf7: 7. Dd5†, Kf8 8. Dc5‡, De7 9. De7‡, Sge7: 10. Sc3:, d5! 11. ed:, Sb4 usw. Der Zug 5. .... Sf6 führt nach 6. cd:, Lb4† usw. in eine bekannte Variante der Italienischen.

Am besten geschieht der seltene Zug

5. ....   d4—d3

Dieser Zug hat ähnliche Eigenschaften wie Laskers d6 im Evansgambit. Vor allem wird der Wille des Angreifers empfindlich gestört,
er kann eine rapide Figurenentwicklung nicht mehr durchführen. Dem
Damenspringer ist das Feld c3 verstellt, der Bauer d3 muß einmal
früher oder später unter Zeitverlust geschlagen werden, so daß der
Nachziehende ein Entwicklungstempo gewinnt. Wieder das nämliche
Bild wie bei Laskerverteidigung des Evansgambits: Statt im flotten
Angriff dem Sieg nachzujagen, muß Weiß kämpfen um Nachteil
zu vermeiden. Etwa mit 6. b4 beginnende Angriffe führen zu keinem
befriedigenden Resultat und schwächen bloß die Stellung.

Bisher haben wir als Beispiele nur Varianten aus wenig gangbaren
Eröffnungen, aus Gambiten herangezogen. Das hat seinen guten Grund.
Gambite haben einen mit dicken Farben aufgetragenen Charakter. Die
Absichten liegen offen, die Ziele leuchten hervor. Die Kämpfer be-
schleichen sich nicht lauernd, sie fechten mit offenem Visier. Ihre
Handlungen lassen sich klar verfolgen. Deshalb sind Gambite zum
Demonstrieren sehr geeignet. Lernende sollten sich anfangs viel mit
Gambiten beschäftigen und nicht gleich mit Positionseröffnungen
schwersten Kalibers beginnen, wie dies heute oft geschieht.

Nun aber ein tieferes Beispiel. Betrachten wir die Hauptvariante
einer alten und doch hochmodernen Eröffnung, eine Variante von wahr-
haft philosophischem Gehalt: die Paulsen-Variante der Sizilianischen.

1.	e2—e4	c7—c5
2.	Sg1—f3	Sb8—c6
3.	d2—d4	c5—d4:
4.	Sf3—d4:	Sg8—f6
5.	Sb1—c3	d7—d6
6.	Lf1—e2	e7—e6
7.	0—0	Lf8—e7

Man hat die Variante in den Lehrbüchern bisher nur nebenbei
oder gar nicht behandelt. Ganz mit Unrecht. Alle anderen Ab-
zweigungen der Sizilianischen sind Kinderspiel gegen Louis Paulsens,
des großen Verteidigungskünstlers geniale Schöpfung.

Warum? Weil sie weniger wie Hunderte anderer Varianten theoretisch durchdrungen werden konnte. Sie hat der wissenschaftlichen Einzwängung in eine Formel widerstanden. Zwar heißt es da und dort „Weiß steht besser", sogar Widerlegungen werden angegeben, aber alle diese Urteile sind nicht stichhaltig. Wenn sie manchmal verloren wurde, war gewöhnlich irgendein Behandlungsfehler die Schuld. Die Variante selbst steht aufrecht.

Trotzdem wird sie wenig gespielt. Das ist begreiflich. Sie ist eine Sphinx, eines der schwersten Eröffnungsprobleme.

Sie läßt sich nicht günstig umgehen. Darin liegt schon ein Großteil ihrer Kraft. Der 2. Zug von Weiß ist der beste. Auch bei anderen Fortsetzungen kann Schwarz seinen Aufmarschplan beibehalten. Im 5. Zuge könnte Weiß auf c6 tauschen und dann Ld3 ziehen. Aber die Verstärkung des schwarzen Zentrums ist zumindest zweischneidig und wäre höchstens zu rechtfertigen, wenn sofort e4—e5 folgen könnte. Dieser Zug scheitert jedoch an Da5† nebst De5:. Im 6. Zug wurde die Entwicklung des Läufers nach c4 versucht; zieht darauf Schwarz g6? so folgt Springertausch auf c6 nebst e5, um, falls dieser Bauer geschlagen wird, mit Lf7† usw. fortzusetzen. Spielt aber Schwarz richtig 6. .... e6!, dann steht der Läufer auf c4 sinnlos. In Frage kommt 6. g3 nebst Lg2. Indessen kann Schwarz die Diagonale nach a8 leicht räumen.

Von der Diagrammstellung weg kann sich Weiß noch eine zeitlang allgemein entwickeln und mehr Terrain besetzen. Aber es fehlen ihm deutliche Angriffspunkte. Er muß erst trachten sich irgendwelche zu verschaffen, bzw. abwarten, ob sich im Laufe des Spieles welche für ihn ergeben. Er hat eine halboffene Turmlinie, die aber nicht viel Wert hat, da es auf ihr keine Einbruchspunkte gibt. Viel bessere Aussichten und Pläne voll Aktivität hat Schwarz. In seinem Lager befinden sich keine ernstlich angreifbaren Bauern. d6 ist leicht zu decken, einen weiteren Vorstoß ins Zentrum (d5 oder e5) hat sich Schwarz noch vorbehalten, während Weiß seinen Trumpf schon ausgespielt hat (e4). Weiß hat übrigens schon zwei Bauern, die er sorgfältig bewachen muß. Zunächst den stolzen Zentrumsbauer e4. Der ist bereits einmal angegriffen und kann gelegentlich noch durch den Damenläufer, Damenspringer und die Dame weiter bedroht werden. Ferner kann einmal d5 oder sogar f5 mit erhöhter Kraft geschehen, da damit ein Angriff verbunden ist. Der Nachziehende hat also die besseren Aussichten auf Aktivität im Zentrum. Außer e4 ist auch der Bauer c2 nicht ganz sicher, denn er steht auf einer Linie, welche wertvoller als die d-Linie ist. Der Unterschied liegt darin, daß die c-Linie einen Einbruchspunkt aufweist, nämlich c4. Kommt einmal ein schwarzer S auf dieses Feld, dann ist der Verteidiger gewöhnlich schon im Vorteil.

Aus allem ergibt sich, daß Weiß in der Paulsen-Variante eine zwar viel freiere Stellung erreichen kann, die aber bei näherer Betrachtung mancherlei mikroskopische Schwächen aufweist und frühzeitig präzise Schutzmaßnahmen erfordert. Schwarz kann zufrieden sein. Die Variante ist philosophisch, weil sie nicht nur die Züge, sondern auch den Willen des Weißen bekämpft: Wer 1. e4 zog, der wollte offen angreifen. Statt dessen hat er nun einen schweren Positions- und Lavierungskampf auszutragen.

Aggressive Verteidigung

Die Modernen suchen sich angriffsweise zu verteidigen. Mit der gedanklichen Richtung dieser Bewegung und ihren natürlichen Beweggründen haben wir uns schon auseinandergesetzt. Gehen wir zu Einzelheiten. Zwei Eröffnungen sind es besonders, welche das moderne Bestreben klar zum Ausdruck bringen. Die „Aljechinverteidigung" und der „Indische Komplex".

Die Aljechinverteidigung ist eigentlich eine Fortsetzung des Grundgedankens der französischen Partie, mit der sie auch in manchen Abspielen fast übereinstimmt.

Die überragende Wichtigkeit des Zentrums wurde schon längst erkannt und diese Erkenntnis blieb unwandelbar. Die Strategie aller Zeiten war auf die Zentrumstheorie aufgebaut. Veränderlich, allen möglichen Einflüssen, neuen Gedanken, der Mode usw. ausgesetzt, blieb aber die Ausführung des Zentrumsgedankens.

In früheren Zeiten glaubte man das Zentrum um so sicherer zu beherrschen, je mehr Bauern man hier aufmarschieren ließ. Heute schätzt man ein Zentrum um so höher, je mehr theoretische Möglichkeiten vorhanden sind, es nötigenfalls zu besetzen. Die Drohung gilt mehr als die Ausführung! Man schätzt die Reservetruppen hinter der Front höher ein, als die im Kampf befindlichen. Steinitz' Lehre, der noch nicht gezogene Bauer sei stärker als der bereits gezogene, steht höher im Ansehen denn je. Ein großer Unterschied zwischen einst und jetzt.

Alt wie die Erkenntnis von der Wichtigkeit des Zentrums ist auch die Idee, eine Partie nicht erst mit stumpfer Entwicklung, sondern mit sofortigem Angriff auf das in Bildung begriffene Zentrum des Gegners zu eröffnen. Naturgemäß gingen diese Ideen von seiten des Nachziehenden aus. Weiß kann den Anzug nicht besser ausnützen als in irgendeiner Form den ersten Schritt zur Besitzergreifung des Zentrums zu unternehmen. Das geschieht gewöhnlich durch den Doppelschritt eines Mittelbauern, also durch e2—e4 oder d2—d4. Einen älteren Versuch gegen den Zug e2—e4 angriffsweise vorzugehen, stellt die „Russische Partie" dar, mit der wir uns bereits an anderer Stelle befaßt haben. Dieser Versuch ist nicht ratsam. Nach den Zügen 1. e2—e4, e7—e5 2. Sg1—f3 ist der Bauer e5 angegriffen und Schwarz hat die Aufgabe ihn zu decken. Der russische Zug 2. .... Sg8—f6 ist daher kein Angriff, sondern ein Gegenangriff. Ein bedeutender Unterschied. Der Angriff soll einsetzen wenn die eigene Stellung in keiner Weise unmittelbar bedroht ist, der Gegenangriff, der ein Verteidigungsmittel bildet, soll als indirekte Verteidigung erst dann einsetzen, wenn die direkten Verteidigungsmittel versagen.

In dieser Beziehung ist die Idee der französischen Partie viel korrekter. Russisch und Französisch werden in allen Lehrbüchern weit von einander getrennt behandelt, gehören aber eigentlich zusammen, da sie durch ihren Grundgedanken eng verwandt sind.

Wenn nach den Zügen 1. e2—e4, e7—e6 2. d2—d4 der Nachziehende d7—d5 antwortet, so hat er einen direkten Angriff auf das weiße Zentrum begonnen. Er hat also nicht wie in der „Russischen" eine Drohung mit einer Gegendrohung beantwortet, sondern selbst die erste Drohung aufgestellt. e4 ist nun angegriffen und Weiß muß sich irgendwie erklären. Er kann dies tun, indem er auf d5 tauscht; dann aber hat der Gegner recht behalten, indem er eine ausgeglichene Stellung erreichte; er kann dies tun, indem er den angegriffenen Bauer vorzieht, womit er zwar zunächst wichtiges Terrain besetzt und z. B. Sg8—f6 verhindert, was nach vollzogener kurzer Rochade die beste Deckung des schwarzen Königs wäre, aber er macht damit sein Zentrum starr und Schwarz kann seine 'Angriffsidee mit c7—c5, Sb8—c6, Dd8—b6, f7—f6 usw. fortführen; er kann schließlich den angegriffenen Bauer decken, am natürlichsten mit 3. Sb1—c3. Nun kann Schwarz entweder mit Sg8—f6 weiter angreifen, oder d5—e4: ziehen, womit er seinen Grundgedanken verläßt und sich zufrieden gibt, einen wenn auch bescheidenen, so doch festen Stützpunkt im Zentrum (e6) etabliert zu haben. Letzteres (Lasker) entspricht mehr den Anforderungen einer guten Verteidigung. Mag auch Weiß dabei mehr Terrain behaupten, so hat Schwarz doch ein Spiel ohne Schwächen erreicht, was die Hauptsache ist. Den Angriff mit 3. .... Sg8—f6 usw. fortzuspinnen ist dagegen gefährlich, weil Weiß im geeigneten Augenblick einmal das Zentrum (e5 und d4) aufgeben kann (e5—f6: und d4—c5:), wonach für Schwarz die Angriffsobjekte entfallen, dafür die Bauern d5 und e6 gemeinsam isoliert — oder wie Steinitz sagte, „hängend" — und auf den offenen Linien leicht schwach werden können. Dieses System ist der gefährlichste Feind des französischen Angriffs. Früher mußte sich Schwarz nicht ähnlichen Befürchtungen hingeben, denn da galt der Grundsatz, ein Zentrum müsse unter allen Umständen gehalten werden.

Es zeigt sich, daß die französische Partie mit mancherlei Gefahren verbunden ist, Gefahren, die vor allem in der Möglichkeit des Entstehens positioneller Schwächen liegen und auf einen unzeitgemäßen oder unrichtig geführten Angriff schließen lassen.

Die vorerst ungedeckte Stellung des weißen Königsbauern, nachdem e2—e4 geschehen ist, mag Aljechin Anlaß gegeben haben nachzudenken, wie man sich diesen Umstand ähnlich, aber besser als in der französischen Partie zunutze machen könne. So fand er seinen Zug 1. .... Sg8—f6.

Mit diesem Zuge wird e4 schneller als in der Französischen angegriffen und — was wichtig ist — ohne organische Veränderung der eigenen Stellung (Bauernzüge). Weiß hat nun die Wahl, entweder mit diesem Bauer zu ziehen, oder ihn zu decken. Zieht er ihn, dann handelt er gegen die wichtige Regel, daß man in frühen Partiestadien die Zentrumsbauern nicht über die Mitte stellen soll. Deckt er ihn, so stehen ihm als brauchbare Züge nur Sb1—c3 oder d2—d3 zur Verfügung. Mit dem ersteren Zuge gibt er dem Gegner Gelegenheit e7—e5 zu antworten und die „Wiener Partie" herbeizuführen, eine Eröffnung, die etwas schwächer ist als das Königsspringerspiel (2. Sg1—f3). Dieser Zug greift an und zwingt den Gegner, jener entwickelt bloß und überläßt dem Gegner die Wahl. Auf 2. d2—d3 kann Schwarz c7—c5 antworten, wonach die „Sizilianische Partie" herbeigeführt wird, in welcher 2. d2—d3 ein sehr zahmer Zug ist. Schwarz kommt also mit der Aljechinverteidigung jedenfalls zufriedenstellend weg. Er zwingt den Gegner, entweder frühzeitig Wagnisse auf sich zu nehmen, die den Grundsätzen einer kraftvoll fundierten und sicheren Partieanlage widersprechen, oder er zwingt ihn, Varianten zu wählen, die dem Nachziehenden keine besonderen Probleme stellen (wie erwähnt Wiener Partie, bzw. Vierspringerspiel, dessen Wert durch die sogenannte Rubinsteinverteidigung sehr gesunken ist, oder Sizilianisch).

Wird also e2—e4 durch Sg8—f6 widerlegt? Gewiß nicht. Aber es scheint, daß e2—e4 im ersten Zuge einer vollendeten Selbstverteidigung nicht ganz entspricht. Schwarz darf zunächst ungestraft angreifen. Es sollte nachhaltigere Eröffnungszüge geben.

Ein solcher dürfte 1. d2—d4 sein. Indem dieser Bauer bereits gedeckt ist, hat Schwarz keine Möglichkeit mit einem sofortigen Angriff zu antworten. Sein Gegenspiel kann sich jetzt in zweierlei Richtung gestalten. Entweder er strebt zunächst nur nach Entwicklung, oder er trachtet sich künstlich Angriffspunkte zu schaffen. Im ersteren Falle wird ein Damengambit oder Damenbauerspiel entstehen. Weiß kann ungestört an dem Aufbau einer Angriffsstellung arbeiten und der Verteidiger hat eine mühevolle und schwierige Aufgabe zu lösen.

Im letzteren Falle muß er (im Prinzip ähnlich wie in der Französischen) durch Bauernzüge den Versuch machen, dieses oder jenes Feld zu schwächen, um auf solche Art seinem Angriff eine Grundlage zu bereiten. Dies ist der Grundgedanke der vielen Arten der „Indischen Verteidigung".

Der Angriffsdrang der Modernen hat dazu geführt, daß an dieser Verteidigung besonders in den letzten Jahren mit ungeheurem Eifer und Ideenreichtum gearbeitet wurde.

Naturgemäß beschäftigte zunächst der Gedanke, den Bauer d4 zum Angriffsziel zu machen. Daraus entsprangen die Varianten mit Fianchettierung des Königsläufers. Der Angriff auf d4 ist die Uridee der Indischen und wir wollen uns zunächst mit ihr befassen.

| | 1. | d2—d4 | Sg8—f6 |

Ein notwendiger Vorbereitungszug. Es ist bekannt, daß man Angriffsobjekte zunächst isolieren muß, um sie Erfolg versprechend angreifen zu können. Würde Schwarz g7—g6 ziehen und e2—e4 sofort zulassen, dann wäre die weiße Mitte leicht beweglich und stark, die weiße Entwicklung rasch durchführbar, Schwarz könnte nicht zu dem erstrebten Angriff gelangen.

	2.	c2—c4	g7—g6
	3.	Sb1—c3	Lf8—g7
	4.	e2—e4	0—0
	5.	f2—f4	d7—d6
	6.	Sg1—f3	c7—c5

Endlich ein direkter Angriff auf d4. Weiß hat unterdessen nach alten Prinzipien ein starkes Zentrum aufgebaut. Dieses Zentrum muß entscheidend stark werden, wenn es genügend geschützt und zum Angriff verwendet werden kann; seine Verteidigung ist aber angesichts der breiten Front recht schwer.

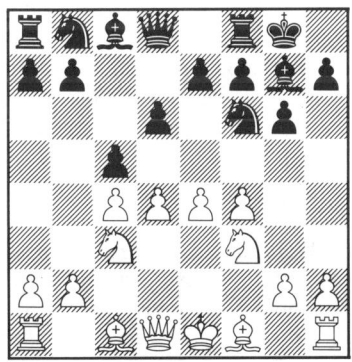

Weiß steht vor schwieriger Wahl. Soll er d5 ziehen? Dann bekommt Schwarz mit e6 entweder die offene e- oder f-Linie, je nachdem, ob Weiß auf c6 tauscht oder auf d5 tauschen läßt. Soll er auf c5 schlagen? Das wäre schön, wenn Schwarz zurückschlüge. Es würde Damentausch nebst e5 und Sd5 mit erheblichem Vorteil folgen. Aber Schwarz nimmt nicht zurück, sondern zieht die Dame nach a5. Dann sind die Bauern e4 und c5 angegriffen, c5 fällt durch die Dame, Weiß hat Entwicklungs- und Rochadeschwierigkeiten. Soll er nichts als weitere Entwicklung anstreben? Etwa mit Le2?

Stellen wir einige Versuche an:

| 7. | d4—d5 | e7—e6 |
| 8. | d5—e6: | f7—e6: |

Ein kurzes Betrachten der weißen Stellung zeigt, daß sie unbequem ist. Schwarz kann mit e6—e5 — wonach ein schwarzer Springer nach d4, ein weißer nach d5 gelangt — nach Belieben ausgleichen, oder aber gefahrlos Vorteil suchen, z. B. mit dem Ziele, einen Springer oder Läufer auf d4 festzusetzen, ohne e5 ziehen zu müssen. Stellungen, in denen der Gegner Remis in der Hand hat, sind, wenn auch nicht objektiv, so doch praktisch vom Standpunkt des Anziehenden ungünstig zu beurteilen. Vielleicht ist es also besser, wenn Weiß auf d5 tauschen läßt.

| 8. | Lf1—e2 | .... |

Um vor allem die Linie gegen den König zu sperren. Aber auch um dem Eventualangriff c5—c4 auszuweichen, der z. B. nach 7. Ld3, cd: 8. cd:, Te8 9. 0—0 möglich ist. Der Tausch des c-Bauern gegen den e-Bauer wäre für Schwarz vorteilhaft, denn d5 bleibt dann schwerer zu decken, daher schwächer als d6.

| 8. | .... | e6—d5: |
| 9. | c4—d5: | .... |

Nach ed: wirken beide Läufer des Nachziehenden besser als die weißen und bedingen einen für Schwarz günstigen Unterschied in den Stellungen. Auch bleiben die Felder e4 und e3 geschwächt.

| 9. | .... | Tf8—e8 |
| 10. | Dd1—c2 | Dd8—e7 |

Mit Vorteil für Schwarz. Auf 11. Ld3 kann schon c4! diesen Vorteil klarstellen, aber noch stärker ist 11. .... b5! Wenn dann 12. Lb5: so Se4: und Weiß darf den Turm nicht schlagen, denn Sc3‡ 14. Kf1, La6† würde darauf sofort gewinnen. Auf 12. Sb5: führen mehrere Wege nach Rom, z. B. Sd5: oder La6 nebst Se4:. Spielt Weiß schließlich 11. Sfd2, so ist der schwarze Vorteil mit Sg4

(drohend Se3 und wegen Ld4† usw. die Rochade verhindernd)
12. Lg4:, Dh4†! nebst Dg4: festhaltbar.

Der Zug 7. dc: muß nicht besonders untersucht werden. Das vorhin allgemein Gesagte genügt wohl, um seine Ablehnung zu rechtfertigen.

| | 7. Lf1—e2 | .... |

Diesen Zug hat man bisher in praxi nicht angewendet. Eine atavistische Voreingenommenheit gegen das schwarze Verteidigungssystem mag daran Schuld sein. Man wollte mit Weiß rasch große Vorteile erlangen. Als dies nicht zu erreichen war, verwarf man die ganze Angriffsmethode. Weiß kann aber ein gutes Spiel erlangen, wenn er nach den vier Bauernzügen das Vorstürmen genug sein läßt, einsieht, daß es höchste Zeit ist, auf Sicherung der vorgeschobenen Linie bedacht zu sein und nunmehr mit der Entwicklung der Figuren fortsetzt.

Der Läuferzug ist der beste, Ld3 wäre viel schwächer, weil dies die wichtige Damenlinie verstellen würde. Auf e2 dagegen ist der Läufer nicht hinderlich und kann nach f3 gelangen, wo er vorzüglich wirkt.

7.	....	c5—d4:
8.	Sf3—d4:	b7—b6
9.	0—0	Lc8—b7
10.	Le2—f3	Sb8—d7
11.	b2—b3	Sd7—c5
12.	Tf1—e1	....

Der weiße Bauerngürtel ist gesichert und sehr stark geworden. Sd5 ist eine ständige Drohung. Die Eröffnungsidee des Nachziehenden läßt sich nicht weiter fortsetzen, der Angriff auf das weiße Zentrum ist erstickt.

Schwarz kann im 8. Zug anders spielen:

| 8. | .... | Sb8—c6 |

Nun kann Weiß weder rochieren noch Le3 spielen, immer wäre die Antwort Db6 zu stark.

| 9. Sd4—c2! | .... |

Aber dieser Zug ist gut, besser als der in ähnlichen Stellungen übliche Rückzug nach b3. Der Bauer b2 bleibt beweglich, so daß die Diagonale des fianchettierten Läufers bald geräumt werden kann, außerdem beherrscht der Springer von c2 aus auch das wertvolle Feld e3 mit schönen Perspektiven.

| 9. | .... | Dd8—b6 |

Sonst setzt Weiß bequem mit 0—0 fort.

10. Ta1—b1 . . . .

Der Springer c3 soll gedeckt bleiben, damit Schwarz keine gefährlichen Abzüge mit dem Königsspringer ausführen kann. Daher
nicht b2—b3. Schwarz kann jetzt Le3 nicht mehr verhindern,
seine Eröffnungsidee ist wieder gescheitert, Weiß im Vorteil.

Kommt in Frage, den Abtausch auf d4 hinauszuschieben und
lieber erst die Spannung im Zentrum zu erhöhen. Der Angreifer
soll nach Möglichkeit nie bald auflösen, sondern den Druck verstärken,
der Verteidiger im Gegenteil Klärung anstreben. Schwarz hat auf
den Angriff gespielt, ihn erreicht, also lagen ihm die Angriffsprinzipien
näher. Es gab einen Zug, ihnen zu folgen.

7. . . . . Lc8—g4

Um den Punkt d4 weiter zu schwächen. Auf 8. dc: kann wieder
sehr gut Da5 geschehen.

8. 0—0 . . . .

Jetzt aber droht dc: usw., unter Umständen auch d5, da Weiß
bereits rochiert hat; Schwarz muß sich erklären.

8. . . . . Lg4—f3:
9. Le2—f3: c5—d4:

Die weitere Verstärkung mit Sc6 wäre jetzt ebenso wie im vorigen
Zug wegen dc: nebst Damentausch und e5 usw. nachteilig.

10. Dd1—d4: . . . .

Die Dame steht augenblicklich gefährdet, jedoch hat Schwarz
keinen vorteilhaften Abzug. Auf Sg4 muß allerdings Dd2 geschehen
(sonst Db6† nebst Sf2† usw.) und der Damenläufer verstellt werden.
Aber dafür muß auch Schwarz mit dem Königsspringer zurück und
ein Tempo verlieren. Mit seinen beiden Läufern behält Weiß das
bessere Spiel.

Und das Fazit? Schwarz hat mit seiner aggressiven Verteidigung
nichts erreicht, Weiß merkliche Eröffnungsvorteile behalten.

Der Versuch, dem Zug 1. d4 eine materielle Schwäche nachzuweisen ist mißlungen, derselbe Versuch, der gegen 1. e4 Erfolg
hatte. Materielle Schwäche wollen wir die Schwäche eines Bauern
nennen, während wir unter der Bezeichnung ideelle Schwäche die
Schwäche eines leeren Feldes verstehen wollen. Dementsprechend
können wir auch einen materiellen und einen ideellen Angriff unterscheiden.

Prüfen wir nun, ob sich Weiß mit 1. d4 wenn schon keine materielle,
so doch eine ideelle Schwäche gegeben hat.

Die Schwäche könnte nur darin liegen, daß der vorgezogene
Bauer eine bestimmte Funktion, die er auf dem Ursprungsfelde aus-

übte, aufgegeben hat. Seine ursprüngliche Funktion bestand in der Beherrschung der Felder c3 und e3 in erster und c4 und e4 in zweiter Linie. Die Felder c3 und e3 sind weniger wichtig, sie sind hinreichend auf andere Weise gedeckt. Viel bedeutungsvoller ist es, daß mit dem Zug d2—d4 den Feldern c4 und e4 eine wertvolle Deckungsmöglichkeit entzogen wird. Dadurch werden diese beiden Felder zwar noch nicht schwach, aber doch schwächer als vorher. Bezüglich des Feldes c4 hat dies vorläufig keine Bedeutung. Es wird, sobald der Königsbauer gezogen hat, vom Läufer f1 bestrichen und kann außerdem vom b-Bauer nach Bedarf in Schutz genommen werden. Zudem ist es kein engeres Zentrumsfeld und deshalb einstweilen nicht wichtig. Denn die Eröffnung ist ein Zentrumskampf. Ungleich hochwertiger als das Feld c4 ist daher das Feld e4. Gerade dieses Feld wurde aber durch den Doppelschritt des Damenbauern in weit höherem Maße geschwächt. Es genießt nicht den natürlichen Schutz durch eine Figur wie c4 durch den Läufer und es kann sich auch viel weniger auf den Schutz des benachbarten Bauern verlassen. Denn während b3 zum Schutze von c4 im Bedarfsfalle meistens unbedenklich geschehen kann, da b3 kein für eine Figurenaufstellung vorausbestimmtes Feld ist und der Bauer auf b2 auch keine besonders nützliche Aufgabe erfüllt, kann f3 zum Schutze von e4 besonders im Eröffnungsstadium nur verhältnismäßig selten geschehen. Denn erstens ist das Feld f3 zur Postierung des Königsspringers vorausbestimmt, seine Freihaltung also wichtig, zweitens erfüllt der f-Bauer auf der zweiten Reihe eine nicht minder wichtige Aufgabe, indem er die Diagonalen nach g1 und e1 unterbindet und dadurch einen sehr wertvollen Schutz des Königs bildet.

Demnach ergibt sich also, daß der Zug d4 das Feld e4 zweifelsohne geschwächt hat! Ob er es ausgesprochen schwach gemacht hat —? Das ist das Problem jener anderen indischen Spielweise, welche sich die Ausnützung nicht der materiellen, sondern der ideellen Schwäche des Zuges d4 zum Ziele setzt.

Eine Schachpartie ist, mindestens im Anfang, der Kampf eines Stärkern gegen einen Schwächern. Nicht die Spieler sind gemeint. Das Brett kann mit Nemo gegen Morphy besetzt sein. Weiß ist der Stärkere, Schwarz der Schwächere. Zwar stehen sich zahlenmäßig gleiche Kräfte gegenüber, aber die Zahl allein gibt nicht den Ausschlag. Wenn Stellung und Kräfte gleich sind, so ist derjenige im Vorteil, der zuerst zum Angriff schreiten kann. Der Angreifer ist dann der Stärkere. Seine Überlegenheit muß dabei noch lange nicht so groß sein, daß sie das überschreitet, was Nimzowitsch so trefflich die Remisbreite nennt.

Schwarz, der Schwächere, will nun den Stärkeren zuerst angreifen.

Zweierlei Pläne sind möglich. Entweder er versucht mit aller Energie den Hauptstützpunkt der feindlichen Macht zu stürmen oder er versucht es, alle Energie darauf zu verwenden, eine Schwäche, die er im feindlichen Lager zu erspähen glaubte, entscheidend zu vergrößern. Das Ziel wird hiebei immer im Zentrum liegen müssen. Die Erreichung seitabliegender Ziele ist vorläufig zu unwichtig. Mit der ersten Idee (A) haben wir uns bereits beschäftigt.

Nun zur letzteren Idee.

1. d2—d4   Sg8—f6

Bei der Idee A ist dies ein Zeitverlust. Schwarz beginnt das Spiel in einer Richtung, um schon im nächsten Zug abzuschwenken und diametral fortzufahren. Das Feld e4 wird genommen, während d4 das Ziel ist.

Viel logischer fügt sich dieser Zug in die Idee B. Dort ist er nicht ein wesensfremder Mitläufer, sondern der erste Schritt in der geraden Richtung zum Ziel.

2. c2—c4   e7—e6

Dient der Idee. Der Lf8 muß parat sein, den weißen Damenspringer zu fesseln und abzutauschen und so das Feld e4 der einfachsten und besten Deckung zu berauben. Außerdem wird der vor allem beabsichtigten Fianchettierung des Damenläufers vorgearbeitet, indem die Sperrung dieser Diagonale mit d4—d5 verhindert wird. Weiß könnte den vorgeschobenen Posten nicht behaupten.

3. Sb1—c3   . . . .

Nun droht e4 und Schwarz darf dies nicht zulassen; er kann wohl auf die Schwäche des Punktes, nicht aber auf die Schwäche des Bauern e4 spekulieren, denn sobald e4 geschehen ist, hat Weiß die Möglichkeit zur freien Figurenentwicklung und kann e4 genügend decken. Demnach:

3. . . . .   Lf8—b4
4. Dd1—c2   . . . .

Er will doch e4 spielen. Schwarz hat nun keine Zeit, die beabsichtigte Fianchettierung durchzuführen.

4. . . . .   d7—d5

Am einfachsten. Auch c7—c5 könnte geschehen, da Weiß mit seinem letzten Zuge die Deckung von d4 aufgegeben hat.

Man könnte einwenden, daß ja doch ein Damengambit entstanden ist, Schwarz also eine seiner ersten Absichten, Damengambit zu vermeiden, aufgeben mußte. Das stimmt nicht ganz. Weiß erreicht im Damengambit zwar anhaltenden Positionsdruck, aber doch nur dann, wenn er die Eröffnung zum besten behandelt hat. Die vorliegende Stellung kann jedoch aus dem Damengambit nur so hervorgegangen sein, daß nach den Zügen 1. d4, d5 2. c4, e6 3. Sc3, Sf6 statt des kräftigen und konsequehten 4. Lg5 der augenblicklich matte Zug 4. Dc2 geschehen ist. Mit diesem Ergebnis kann Schwarz zufrieden sein. Es ist ihm gelungen, die gefährlichste Angriffsaufstellung des Gegners zu vereiteln.

Weiß kann natürlich anders spielen:

         4. Dd1—b3   ....

Damit gibt er den Kampf um e4 vorläufig auf. Der Angriff auf den Läufer ist harmlos. Schwarz verbindet die Deckung dieser Figur mit einem Angriff auf die „Stärke" des Gegners, die durch den Damenzug ihre natürliche Deckung verloren hat.

4.	....	c7—c5
5.	d4—c5:	Sb8—c6
6.	Sg1—f3	Lb4—c5:

Nebst e7, d6, 0—0, b6, Lb7 usw. wobei das Spiel große Ähnlichkeit mit der Paulsenvariante der Sizilianischen bekommt.

Ein anderer Versuch:

1.	d2—d4	Sg8—f6
2.	c2—c4	e7—e6
3.	Sg1—f3	....

Weiß wird bescheidener. Er will zunächst den Gegner gewähren lassen und sich rasch entwickeln.

3.	....	b7—b6
4.	Lc1—g5	Lc8—b7
5.	e2—e3	h7—h6!

Sehr stark. Es zeigt sich, daß der Läuferzug nach g5 wenig Kraft hatte, wie meist in Fällen, wo er nicht wie im Damengambit mit Angriff geschieht. Mit der Damengambitformation — T a r t a k o w e r nennt es ideelles Damengambit — ist diese Spielweise schwer zu bekämpfen.[1]) Im gewöhnlichen Damengambit verstärkt Lg5 den Druck gegen d5, hier verteidigt er höchstens e4, aber nicht so stark wie der korrespondierende Zug Lb4 den fraglichen Punkt angreift. Denn erstens ist jede Fesselung an den König zumindest theoretisch stärker als eine Fesselung an die Dame. da die an den König gefesselte

---

[1]) Die Westindische, wie sie in der Nomenklatur Dr. Tartakowers genannt wird, nämlich die Indische mit Fianchettierung des Damenläufers. Die Indische ließe sich auch wie folgt aufteilen und registrieren: „Königsindisch" wenn der Königsläufer fianchettiert wird, „Damenindisch" wenn der Damenläufer fianchettiert wird, „Vollindisch" wenn beide Läufer fianchettiert werden und „Halbindisch" wenn es zu keiner Fianchettierung kommt.

Figur unter keinen Umständen ziehen kann, während Damenopfer ab und zu vorkommen, zweitens droht der schwarze Läufer gegebenenfalls einen unangenehmen Doppelbauer zu schaffen, der weiße Läufer auf g5 droht gar nichts.

6. Lg5—h4   Lf8—b4†!

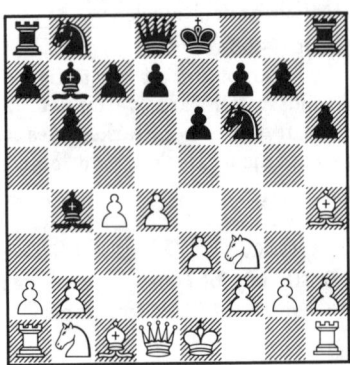

Und schon hat Weiß zwischen drei Übeln zu wählen. Das erste wäre Sb1—d2?, worauf Schwarz eine Figur gewinnt und zwar: 7. .... g5 8. Lg3, g4! 9. S beliebig, Se4! usw. Das zweite wäre 7. .... Sc3, worauf nach Lc3‡ der unauflösbare weiße Doppelbauer einen dauernden Positionsnachteil bildet. Bleibt nur das dritte:

7. Sf3—d2   ....

also Rückentwicklung! Schwarz bekommt die bessere Stellung.

7. ....   0—0

8. a2—a3   ....

um Sc3 ziehen zu können.

8. ....   Lb4—e7

nebst c5 usw. mit bequemem Spiel.

Weiß kann den Angriff gegen die Damenindische Verteidigung besser führen als in dieser letzteren Variante, aber immer gibt die ideelle Schwäche e4 dem Nachziehenden eine gute Basis zu vollwertigem Aufbau.

Etwa:

1. d2—d4   Sg8—f6

2. c2—c4   e7—e6

3. Sg1—f3   b7—b6

4. Sb1—c3   Lc8—b7

5. Dd1—c2   ....

Droht e2—e4: daher:

5.	....	Lf8—b4
6.	a2—a3	Lb4—c3 ‡
7.	Dc2—c3:	

und nun kann Schwarz entweder mit 7. .... 0—0 8. Lg5, h6 9. Lh4, d6 10. e3, Sbd7 11. Le2, Tc8 nebst c5 fortsetzen, oder er kann das gewonnene Feld e4 mit 7. .... Se4 sofort besetzen, mit 0—0 nebst f5 usw. fortfahren und hat in beiden Fällen ausreichendes Spiel.

Oder:

1.	d2—d4	Sg8—f6
2.	c2—c4	e7—e6
3.	Sg1—f3	Lf8—b4†
4.	Sb1—d2	....

Auf Lc1—d2 ist Dd8—e7 gut, während der Abtausch auf d2 den Weißen günstig entwickelt.

4.	....	b7—b6
5.	a2—a3	Lb4—d2 ‡

nebst Lb7 und Se4 bzw. umgekehrt und Schwarz hat durch den Besitz des Feldes e4 wieder ein genügendes Spiel.

In der letzten Turnierpraxis wurde die Damenindische Verteidigung zumeist in der Weise bekämpft, daß Weiß mit Rücksicht auf die damit verbundenen Schwierigkeiten die rasche Rückeroberung des Feldes e4 fallen ließ und seine Entwicklung mit g2—g3 usw. fortsetzte. Dies ist ein Zugeständnis. Man findet sich mit der Schwäche des Feldes e4 ab. Weiß hat dabei zwar nichts zu fürchten, aber auch wenig zu hoffen. Die Eröffnungsidee des Schwarzen bleibt ununangetastet und setzt sich durch.

Das Hauptverdienst an dieser wissenschaftlich und praktisch außerordentlich wichtigen Erkenntnis gebührt Nimzowitsch.

Zusammenfassend können wir feststellen: Es scheint viel eher möglich, dem Zuge 1. d2—d4 eine ideelle Schwäche nachzuweisen als eine materielle, es scheint die Damenindische Verteidigung verheißungsvoller als die Königsindische. Umgekehrt wie bei 1. e2—e4, wo das Spiel auf materielle Schwäche (Aljechin!) aussichtsreicher ist. Ein Versuch, gegen 1. e2—e4 auf ideelle Schwäche zu spielen, ist noch nicht gemacht worden und wäre auch aussichtslos da Weiß bei einiger Vorsicht die Herrschaft über d4 und f4 leicht aufrechthalten kann.

Soweit die Überlegung.

Noch fehlt freilich das Wichtigste, eine gründliche Erfahrung. Man kann mit Logik allein sehr weit vordringen — an der Ergründung der letzten Wahrheit aber muß die Allgemeinheit mitarbeiten. Analysen allein genügen nicht. Die sind meist je tiefer, desto seichter.

Das klingt paradox und wie ein Vorwurf; ist aber keiner. Die für uns schier unerforschliche Tiefe des Schachspieles bedingt es so. Immer werden wir sehen, daß eherne Wahrheiten, an denen die größten Geister gearbeitet haben, stürzen, ganze Eröffnungen zertrümmert untergehen.

Vielleicht werden die Anfangszüge e4 und d4 wieder neu systemisiert und in Zukunft prächtiger dastehen denn je. Vielleicht werden sie allmählich als schwach erkannt und verschwinden. Bei e4 läßt sich jedenfalls eine gewisse Verrostung feststellen, wofür die vorstehenden Ausführungen vielleicht eine Erklärung sind. —

Dieses Kapitel ist eine kleine Sammlung von Grundsätzen, Gedanken und Konsequenzen. Weit davon entfernt vollständig zu sein, will es bloß wichtige Leitsätze des Verteidigungskampfes aus kleinen Partieabschnitten herausschälen und in den Vordergrund rücken. Nicht Einzelheiten wurden angehäuft, sondern die Konturen des Allgemeinen gezeichnet. Details lassen sich ins Unendliche fortsetzen. Es genügt, die Fäden sichtbar zu machen, mit denen sie verknüpft sind.

III. Das Zentrum

Nun soll uns das Problem des Zentrums beschäftigen. Seine Wichtigkeit haben wir schon gestreift.

Zunächst die Frage warum das Zentrum so wichtig ist.

Bei Spielbeginn stehen beide Könige in der Mitte. Um sie herum entwickelt sich der Kampf. Der Angreifer strebt danach, den feindlichen König im günstigen Augenblick rasch anpacken zu können. Der Verteidiger muß derartige Gefahren stets im Auge behalten und ihnen nach Möglichkeit vorbauen. Zu diesem beiderseitigen Bestreben ist eine entsprechende Figurenaufstellung notwendig. Die muß aber derart beschaffen sein, daß sie nicht nur die augenblickliche Stellung der Könige, sondern auch deren Flucht in die kleine oder große Rochade mitkalkuliert. Zu diesem Zwecke müssen die Figuren zentral postiert werden. So drohen sie direkt Königsangriff, stehen auch zur Verteidigung bereit und können rasch nach Bedarf auf diesen oder jenen Flügel verschoben werden. Nun können aber die Figuren nicht so ohne weiteres ins Feld geschickt werden. Zuerst müssen ihnen die Bauern Wege freilegen, Stützen und gesicherte Felder schaffen, indem sie die gegnerischen Bauern oder Figuren verdrängen bzw. in Schach halten. Daraus ergibt sich, daß zu einer günstigen Entwicklung eine günstige Stellung der Mittelbauern notwendig ist, um eine zentrale Figurenpostierung zu ermöglichen.

Daraus erklärt sich die Wichtigkeit des Zentrums.

Ein altes Zentrumsideal ist die Bauernstellung e4 und d4 bzw. umgekehrt e5 und d5: Solche Bauernstellungen erlauben eine besonders wirksame Entwicklung der Figuren. Aus alten Zeiten stammen das Königsgambit und das Evansgambit, zwei Eröffnungen, welche die Erreichung dieses idealen Zentrums sogar unter materiellen Opfern anstreben. Auch die Ponziani-Eröffnung und die Grecco-variante der Italienischen haben dieses Ideal. Auf die Erreichung eines solchen Zentrums sollte als logische Konsequenz immer starker Angriff folgen.

Die neuere Schachwissenschaft hat sich deshalb zu der Erkenntnis durchgerungen, daß der Eröffnungskampf vor allem ein Kampf nur um das Zentrum ist und das Bauernzentrum, von dem so ziemlich alles abhängt, das kostbarste Gut darstellt. Man weiß heute, daß ein verlorenes Zentrum ein kaum wettzumachender Nachteil ist und strebt daher mehr denn je, dieses Kleinod zu schützen. Man weiß heute, daß gegen die Raffiniertheit moderner Technik, mit welcher jeder Spieler des andern Aufmarsch umlauert, nur sehr selten das ideale Zentrum ohne Gefährdung der eigenen Sicherheit errichtet werden kann. Man ist sehr vorsichtig geworden und begnügt sich lieber mit einem weniger stolzen, aber innerlich festen Zentrum, welches allen Stürmen trotzen kann. Denn das ideale Zentrum ist — wenn einmal Angriffen ausgesetzt — wegen seiner breiten Front schwer zu verteidigen.

Man muß heute vom Zentrumsideal eine andere Definition geben. Nicht der Umfang des Zentrums ist maßgebend, maßgebend ist vielmehr der Umstand, wie stark das einmal aufgebaute Zentrum gedeckt werden kann!

Einige Proben:

1.	e2—e4	e7—e5
2.	Sg1—f3	Sb8—c6
3.	Lf1—b5	d7—d6

In dieser Weise hat Steinitz die Spanische Partie meistens verteidigt und dann oft versucht, den Punkt e5 zu einem festen Stützpunkt auszubauen, indem er auch noch f6 zog. Später werden wir eine derart gespielte Partie sehen. Der Plan des Nachziehenden ist ungemein beschwerlich. Lasker hat später diese Verteidigung auch oft gespielt, aber viel einfacher behandelt. Er gab das Ideal e5 zu halten auf, begnügte sich mit d6 als Stützpunkt und erreichte ein zunächst beengtes, aber unerschütterliches Spiel. Die Varianten sind sehr bekannt. Noch später hat auch Capablanca diese Ansicht übernommen. Dagegen wurde von Dr. Tarrasch als Nachteil des schwarzen Spieles die Einsperrung des Königsläufers und die Auflassung des Stützpunktes e5 immer wieder betont. —

Zwei Beispiele aus dem Panhansturnier, Semmering 1926:

	Grünfeld	Dr. Treybal
1.	d2—d4	d7—d5
2.	c2—c4	e7—e6
3.	Sg1—f3	Sg8—f6
4.	Lc1—g5	h7—h6
5.	Lg5—f6:	Dd8—f6:
6.	Sb1—c3	d5—c4:

Grünfeld zog nun 7. e2—e4 und erreichte ein gutes Spiel. Aber angesichts der Notwendigkeit, die Zentrumsbauern stets verteidigen zu müssen, konnte er doch nichts Entscheidendes erreichen.

Dr. Vidmar, in derselben Stellung gegen den nämlichen Gegner, zog 7. e3! und sein Vorteil wurde bald klar. Sein Zentrum war fest gesichert und dadurch stärker als das Grünfelds! In vielen Kombinationsmöglichkeiten zeigte sich außerdem die Freihaltung des Feldes e4 für die Figuren höchst wertvoll. Auch ein bemerkenswerter, lehrreicher Umstand.

Ebenfalls im Panhansturnier brachte Nimzowitsch als Nachziehender gegen Grünfeld eine Idee zur Ausführung, die so recht für unser Prinzip spricht. Wir finden diese Idee (doppelt gestütztes Zentrum als Aktivitätsbasis) schon als Ideal bei Steinitz, als Einzelerscheinung auch in einer Musterpartie Bogoljubows, welche wir später wiedergeben.

	Grünfeld	Nimzowitsch
1.	d2—d4	Sg8—f6
2.	c2—c4	e7—e6
3.	Sg1—f3	b7—b6
4.	g2—g3	Lf8—e7
5.	Lf1—g2	0—0
6.	0—0	Lc8—a6

Dieser und der folgende Zug sind die Illustration.

7.	Sb1—d2	c7—c6
8.	b2—b3	d7—d5

Das ideale Zentrum! Nebenbei ist das Problem gleichzeitiger ökonomischer Figurenentwicklung (Lc8—a6), im allgemeinen die Hauptschwierigkeit des doppelt gedeckten Zentrumsstützpunktes, einfach und gut gelöst.

9.	Lc1—b2	Sb8—d7
10.	Ta1—c1	Ta8—c8
11.	Dd1—c2	c6—c5

Mit diesem Zug beginnt nach vollendetem Aufmarsch der Kampf, dem wir nicht weiter folgen. Augenblicklich sind die Chancen ausgeglichen, grundsätzlich ein Eröffnungserfolg für Schwarz.

Réti ist ein großer Eröffnungsdenker. Das Zentrum ist ihm besonders heilig. So kommt er manchmal auf absonderlich scheinende, aber modern logische Züge.

Nimzowitsch   Réti
Breslau 1925

1.	e2—e3	e7—e5
2.	c2—c4	Sg8—f6
3.	Sb1—c3	Sb8—c6
4.	Sg1—f3	Lf8—b4!

Die Eröffnung als Ganzes interessiert uns nicht. Aus dem letzten Zuge aber, der früher einmal viele Fragezeichen zu erdulden gehabt hat, spricht moderner Geist.

Schwarz will ein starkes Zentrum bilden und strebt d5 an. Dazu soll zunächst eine Figur, welche den Plan nicht direkt unterstützen kann, gegen eine feindliche Figur, welche diesem Plan direkt entgegenwirkt, getauscht werden. Ein neuer Wertmesser! Die leichte Figur wird nicht starr eingeschätzt, sondern nach ihren Beziehungen zum Zentrum. Es folgte:

5.	Lf1—e2	0—0
6.	0—0	Tf8—e8
7.	a2—a3	Lb4—c3:
8.	b2—c3:	d7—d6
9.	Sf3—e1	....

Weiß bereitet einen Angriff mit f2—f4 vor, Schwarz wehrt sich, indem er den Damenspringer nach g6 bringt, was gleichzeitig den c-Bauer mobil macht und der gefaßten Zentrumsidee dient.

9.	....	Sc6—e7
10.	d2—d3	c7—c5
11.	a3—a4	Lc8—e6

d6—d5 soll mit sofortigem Angriff auf c4 geschehen.

12.	a4—a5	d6—d5
13.	c4—c5	....

Wenn Weiß auf d5 tauscht, so bleibt c3 auf der offenen Linie schutzbedürftig. Schwarz hat bereits das bessere Zentrum und Spiel erlangt. —

Die enorme Kraft eines überlegenen Zentrums zeigt uns folgende Partie.

Bogoljubow   Réti

Mährisch-Ostrau 1923

1.	e2—e4	e7—e6
2.	d2—d4	d7—d5
3.	Sb1—c3	Sg8—f6
4.	e4—e5	Sf6—d7
5.	Dd1—g4	c7—c5
6.	Sc3—b5	c5—d4:
7.	Sg1—f3	Sb8—c6
8.	Sb5—d6†	....

Diese Kombination schließt mit einem Riesenzentrum und dementsprechendem Plus für Schwarz. Weiß hat eine Variante gewählt, die nicht viel taugt. Die Absicht ist, das Zentrum im Stich zu lassen und dafür Angriff anzustreben; das war noch eher mit 6. Lc1—e3 zu erreichen. Auf 8. Lc1—f4 oder Dg4—g3 kann Schwarz mit g7—g6 fortfahren.

8.	....	Lf8—d6:
9.	Dg4—g7:	Ld6—e5:!
10.	Sf3—e5:	Dd8—f6
11.	Dg7—f6:	Sd7—f6:
12.	Lf1—b5	Lc8—d7
13.	Se5—f3	Sf6—e4
14.	0—0	f7—f6!

Droht e6—e5 mit Behauptung des Mehrbauern. Also muß Weiß auf c6 tauschen.

15.	Lb5—c6:	b7—c6:
16.	Sf3—d4:	c6—c5

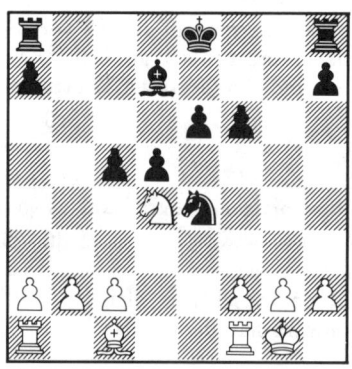

Mit seinem übermächtigen Zentrum hat jetzt Schwarz eine Gewinnstellung. Das Material steht gleich. Aber während sich die geschlossene Masse der vier Zentrumsbauern unaufhaltsam vorwärts wälzt, sind die Bauern des Weißen so verteilt, zersplittert, daß nirgends mit genügender Übermacht eine kräftige Gegenaktion eingeleitet werden kann. Außerdem sind die schwarzen Bauern schon weit vorgerückt, die weißen noch zu Hause, die schwarzen Türme haben zwei prächtige Linien, die weißen sind eingesperrt; Weiß ist hilflos. Mehr oder weniger deutlich pflegt sich der Zentrumsvorteil immer in dieser Weise auszuwirken.

17.	Sd4—e2	Ke8—f7
18.	f2—f3	Se4—d6
19.	b2—b3	e6—e5
20.	Lc1—a3	Ta8—c8
21.	Ta1—d1	d5—d4
22.	Se2—c1	Sd6—f5!
23.	Tf1—f2	....

Etwas besser Tf1—e1. Dann hätte der schwarze Springer wegen Te1—e3: usw. nicht sofort nach e3 ziehen können.

| 23. | .... | Sf5—e3 |
| 24. | Td1—e1 | c5—c4! |

Das Ende. Tauscht Weiß, dann verliert er mindestens den c-Bauer und wird bald kapitulieren müssen. Nach dem folgenden Zug hinwieder entscheiden die vorrückenden Bauern.

25.	b3—b4	Ld7—a4!
26.	Te1—e2	Se3—d1
27.	Tf2—f1	Sd1—c3
28.	Te2—f2	Sc3—b1!

Ein amüsantes Springermanöver.

| 29. | La3—b2 | c4—c3 |
| 30. | Sc1—b3 | .... |

Auf Lb2—a1 gewinnt Sb1—d2.

30.	....	La4—b3:
31.	a2—b3:	Sb1—d2
32.	Tf1—e1	Th8—d8
33.	Lb2—c1	d4—d3!

Einer der Bauern geht nun durch.

34.	c2—d3:	Td8—d3:
35.	Lc1—d2:	Td3—d2:!
36.	Te1—a1	Kf7—e6
37.	Kg1—f1	Td2—f2✝
38.	Kf1—f2:	c3—c2
39.	Ta1—c1	Ke6—d5

40. Kf2—e3	Tc8—c3†
41. Ke3—d2	Kd5—d4
42. h2—h4	Tc3—d3†!

und gewinnt, entweder sofort oder nach Turmtausch. Nach 42. Tc1
—c2: hätte Turmtausch nebst Kd4—e3 gewonnen. — Weiß gab auf.
Eine recht instruktive Partie.

Die zwei folgenden Partien, beide Meisterstücke, beleuchten
wunderbar die Vorteile des numerisch schwächeren, aber stärker
gedeckten Zentrums gegenüber dem numerisch stärkeren, aber schwächer
gedeckten.

Lasker   Steinitz

(Zweiter Wettkampf)

1.	e2—e4	e7—e5
2.	Sg1—f3	Sb8—c6
3.	Lf1—b5	d7—d6
4.	d2—d4	Lc8—d7
5.	Sb1—c3	Sg8—e7

Heute verteidigt man sich an dieser Stelle mit dem Gegenangriff
Sg8—f6. Weiß kann dann den Bauer e5 nicht erobern, da er dabei
seinen eigenen Königsbauer verlieren würde. Indem er aber diesen
Bauer deckt, tritt sein eigener Angriff wieder in das Recht und hat
schließlich den Erfolg, daß Schwarz im Zentrum einen Schritt zurück-
weichen muß. Zwar bekommt er noch eine gesunde Stellung, aber
nur geringen Entfaltungsraum für seine Kräfte. Steinitz hat es
deshalb in der spanischen Partie häufig versucht, dem Gegner im
Zentrum keine Konzession zu machen und den Punkt e5 zu einem
unerschütterlichen Stützpunkt des eigenen Zentrums auszubauen.
Wäre diese Idee ohne weiteres durchführbar, so wäre damit das
Problem der Verteidigung der spanischen Partie glatt gelöst. Um
aber e5 behaupten zukönnen, wird meistens die Deckung durch
zwei Bauern nötig. Der Zug f7—f6 wird geschehen müssen. Das
schwächt nicht nur den Königsflügel, sondern es verhindert auch,
mindestens einige Züge lang, einen ökonomischen Aufmarsch der
Figuren. Zum Beispiel müssen Königsspringer und Königsläufer über
e7 entwickelt werden. Das bringt große Gefahren mit sich und erfordert vom Spieler die angestrengteste Aufmerksamkeit. Denn je
gedrückter eine Stellung ist, desto schwerer ist es, nach Bedarf
Umgruppierungen vorzunehmen, um auf diese Weise feindlichen
Drohungen rechtzeitig zu begegnen. So können sich Schwierigkeiten
ergeben, welche zwar theoretisch zu bewältigen wären, aber praktisch, mit Rücksicht auf die Begrenztheit der menschlichen Kräfte,

auf die Begrenztheit der zur Verfügung stehenden Zeit, nur mit geringer Wahrscheinlichkeit zu überbrücken sind.

Steinitz war ein so hoher Idealist, daß er sich um praktische Hindernisse nicht kümmerte. Wenn ihm seine Grundsätze sagten, daß diese oder jene Stellung günstig, bzw. haltbar sein müsse, so hat er sich bedenkenlos in jedes Abenteuer gestürzt. Mit der Unzulänglichkeit des menschlichen Könnens hat er nicht gerechnet. Diesem Umstand verdankt er viele schmerzliche Niederlagen. Bei Verfolgung seiner tiefen, jedoch überaus beschwerlichen Strategie, mußte er derart alle Kräfte anspannen, daß ihm zur Beachtung kleinerer Details oft nicht genug übrig blieb.

Gelang es ihm aber seine Grundsätze heil durchzuführen, dann lieferte er die wunderbarsten Partien.

In der vorliegenden wäre es ihm beinahe gelungen. Fünfzig Züge lang arbeitet er erfolgreich unter Hochspannung der Nerven mit dem Einsatz aller Energie. Knapp vor dem Ziele kann er aber nicht mehr weiter. Eine Kombination des Gegners beachtet er zu wenig und die Partie schließt mit Remis.

6.	Lc1—g5	....

Lb5—c4 war vielleicht besser.

6.	....	f7—f6
7.	Lg5—e3	Se7—c8!

Das Zentrum ist fest gestützt und Schwarz bekommt Zeit, seine Figuren wirksam zu gruppieren. Es ist genußreich, zu verfolgen, wie Steinitz diese schwere Aufgabe löst.

Der geschehene Zug schafft nicht nur Raum für den Königsläufer, sondern ermöglicht vor allem die Rochade, die jetzt Weiß nicht mit Lb5—c4 verhindern kann. Es würde Sc8—b6, nebst eventuell Sc6—a5 folgen. Spielt Weiß zuerst a2—a3, so folgt sofort Sc8—b6 und der weiße Läufer kann die Diagonale nach g8 nicht mehr besetzen.

8.	Sc3—e2	Lf8—e7
9.	c2—c3	0—0
10.	Lb5—d3	Sc8—b6
11.	Se2—g3	Kg8—h8
12.	0—0	Dd8—e8
13.	Ta1—c1	Sc6—d8

Welch ungeheure Kraft hat dieses schwarze Zentrum! Hinter seinem undurchdringlichen Wall kann Schwarz gemütlich alle Vorbereitungen treffen, um aktiv zu werden.

Immer wieder zeigt es sich: eine Stellung ist — ceteris paribus — um so stärker, je stärker das Zentrum ist. Und ein Zentrum ist um so stärker, je stärker es gestützt werden kann!

14. Tf1—e1	c7—c5

Damit beginnt der Angriff auf das weiße Zentrum. Er bezweckt den Zug d4—d5 zu erzwingen. Dann soll der Damenflügel gestürmt werden, wo der Punkt b4 eine „Marke" bildet.

15. Sf3—h4	Sb6—a4
16. Tc1—c2	b7—b5
17. f2—f4	....

Weiß sieht ein, daß er den Feind nicht direkt zurückweisen kann und holt daher zu einem Angriff auf dem Königsflügel aus. Es ist sehr interessant, daß Schwarz, trotz seiner anscheinend ganz passiven Entwicklung doch zuerst den Angriff erlangt hat und Weiß eigentlich nur einen Verteidigungsangriff führt!

17.	Sd8—e6!

Zwingend. Schwarz setzt nun seine Absicht — Abriegelung des Zentrums und freie Hand auf dem Damenflügel — durch.

18. f4—f5	Se6—d8
19. d4—d5	....

Sonst bleibt Weiß genötigt, sich mit der Deckung von d4 zu beschäftigen und kann sich nicht dem Königsangriff widmen.

19.	Sd8—b7
20. Sh4—f3	c5—c4
21. Ld3—e2	Le7—d8!
22. Sf3—h4	g7—g6!

Notwendig. Weiß drohte Le2—h5, nebst Sh4—g6†, Lh5—g6: und durchschlagendem Mattangriff.

23. Le2—g4	g6—g5!
24. Sh4—f3	Sb7—c5
25. h2—h4	....

Damit gibt Weiß schließlich einen Bauer. Aber wenn er sich passiv verhalten wollte, so würde der schwarze Angriff bald übermächtig werden.

25.	....	g5—h4:	
26.	Sf3—h4:	Sc5—d3	
27.	Te1—f1	....	

Auf Te1—e2 könnte Schwarz Sd3—b2:, nebst Sa4—c3: usw. folgen lassen, vielleicht aber noch stärker Tf8—g8 ziehen, um auf Te2—d2 mit De8—f8—g7 fortzufahren. In beiden Fällen hätte Weiß keine rechten Gegenchancen. Er verliert daher lieber einen Bauer und behält auf dem Königsflügel etwas Spiel.

27.	....	Sa4—b2:
28.	Dd1—f3	Ld8—b6
29.	Kg1—h2	Tf8—g8
30.	Le3—h6	De8—e7
31.	Sg3—h5	Ld7—e8
32.	Df3—h3	Sb2—a4
33.	Lg4—f3	Sa4—c5
34.	Tc2—e2	Sc5—d7

Das Zurückführen des Springers war sehr sinnreich. Schwarz ist nun auf der Königsseite genügend gedeckt und kann die Operationen auf der Damenseite wieder aufnehmen.

35.	g2—g3!!	....

Hier offenbart sich wieder das feine Verteidigungsgefühl und der Weitblick Laskers. Nur noch einen Angriffszug auf dem Königsflügel und er käme nicht mehr zurecht, eine Katastrophe auf dem Damenflügel zu verhindern! Der geschehene Zug gibt die Möglichkeit, den Sh4 im richtigen Augenblick auf den bedrohten Flügel zu führen.

35.	....	a7—a5
36.	Sh4—g2	b5—b4
37.	Sg2—e3	Ta8—c8
38.	Se3—d1	b4—c3:
39.	Sd1—c3:	Lb6—d4
40.	Lh6—d2	Sd7—c5
41.	Dh3—h4	Le8—h5:
42.	Lf3—h5:	Tc8—b8
43.	Sc3—d1	Sc5—a4
44.	Ld2—a5:!	....

Relativ das Beste, obwohl der Zug die Qualität kostet. Schwarz behält aber auf dem Damenflügel keine Bauern und damit ist vorläufig die größte Gefahr beseitigt. Lasker hat ein besonders feines

Verständnis dafür, in schwierigen Lagen von mehreren Übeln das kleinste zu wählen.

44.	....	Tb8—a8
45.	La5—d2	c4—c3
46.	Ld2—c3:!	....

Sonst entscheidet der schwarze Freibauer.

46.	....	Sa4—c3:
47.	Sd1—c3:	Ld4—c3:
48.	Tf1—f3	....

Falls Te2—e3, so 48. .... Ta8—a2† 49. Kh2—h3, Ta2—d2 50. Tf1—f3, Sd3—e1 wieder mit Qualitätsgewinn für Schwarz, aber mit größerem Stellungsvorteil als in der Partie.

48.	....	Sd3—c1
49.	Te2—c2	Sc1—a2:
50.	Tf3—c3:	Sa2—c3:
51.	Tc2—c3:	Tg8—c8

Schwarz hat gewonnenes Spiel. Er macht aber von hier ab mehrfach schwächere Züge, sodaß es dem zähen Gegner noch gelingt, eine Remiskombination anzubringen.

Jetzt war es zunächst notwendig, die Dame von der Deckung des Bauern f6 zu befreien und zwar mit Tg8—g5!. Das wäre die richtige Ökonomie. Schwarz hätte dann die Verteidigung mit einem Viertel seiner Macht bestritten und drei Viertel zum Angriff freigehabt. Er verwendet aber die Hälfte zur Verteidigung und die Hälfte zum Angriff. Im 53. Zuge hätte er besser Ta2—a1 und im 55. Zuge Tc3—c1 gespielt. Der Gewinn wäre dann immer noch möglich gewesen. Nach den verschiedenen Unterlassungen des Gegners kann Lasker eine beim 54. Zuge gefaßte feine Remisidee durchsetzen.

52.	Tc3—b3	Ta8—a2†
53.	Kh2—h3	Ta2—c2
54.	Tb3—b6!	Tc2—c3
55.	Lh5—g6	Tc8—d8
56.	Tb6—b7!!	De7—b7:
57.	Dh4—f6†	Db7—g7
58.	Df6—d8†	Dg7—g8
59.	Dd8—f6 und Weiß hält ewiges Schach.	

Tarrasch   Aljechin

Baden-Baden 1925

1.	e2—e4	e7—e5
2.	Sg1—f3	Sb8—c6
3.	Lf1—c4	Lf8—c5

4.　　c2—c3　　　　　　. . . .

Um mit d2—d4 ein starkes Zentrum zu bilden, ein starkes Zentrum nach älterer Auffassung. Tatsächlich wäre dieses Zentrum jedoch nur dann stark, wenn genügend Mittel zu seiner Deckung vorhanden wären. Dies ist nicht der Fall. Um den Bauern e4 und d4 die zunächst wichtigste Stütze durch die Nebenbauern geben zu können, müßte Weiß nötigenfalls außer c3 auch noch f3 spielen können. Dies würde aber nicht nur eine gesunde Figurenaufstellung verhindern, sondern auch die Punkte d3 und e3 schwächen.

In der Folge liefert uns auch diese Partie ein schönes Beispiel für den höheren Wert eines zahlenmäßig schwächeren, jedoch stärker verteidigten Zentrums, gegenüber einem zahlenmäßig stärkeren, aber schwächer verteidigten.

4.　　. . . .　　　　　Lc5—b6!

Um nach d2—d4 Zeit zu haben, e5 nochmals zu decken.

5.　d2—d4　　　　　　Dd8—e7!

6.　0—0　　　　　. . . .

Statt dessen auf e5 zu schlagen ergäbe Nachteil; c2—c3 hätte dann gar keinen Zweck gehabt und e4 würde auf der offenen Linie Angriffsobjekt. Bekannt ist auch die Schwäche des Zuges d4—d5 in allen ähnlichen Stellungen. Die Bauern werden damit festgerannt, verlieren an Beweglichkeit und damit an Verteidigungskraft. Außerdem werden die eigenen Figuren, vor allem der Königsläufer stark behindert.

6.　　. . . .　　　　　Sg8—f6

7.　Tf1—e1　　　　　d7—d6

8.　a2—a4　　　　　　a7—a6

9.　h2—h3.　　　　　0—0

10.　Lc1—g5　　　　　h7—h6

11.　Lg5—e3　　　　　De7—d8!!

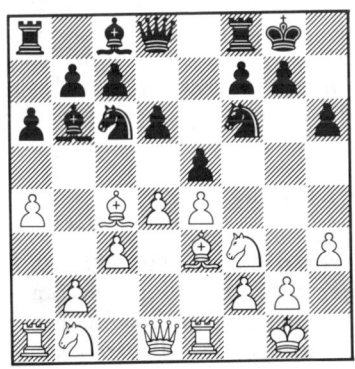

Ein außerordentlich feiner Zug, der die Schwäche der feindlichen Zentrumsstrategie aufdeckt; er führt eine Art Zugszwangstellung herbei. Zwar droht nicht Se4:, worauf de: folgen könnte, aber Weiß muß jetzt ziehen. Macht er den natürlichen Zug 12. Sb1—d2, dann hat Schwarz Gelegenheit, einen erfolgreichen Angriff gegen das weiße Zentrum zu beginnen und zwar mit 12. . . . . e5—d4: 13. c3—d4:, d6—d5! und Mitte sowie Damenflügel des Weißen werden zermetzelt, Bauer d4 isoliert. Auf d5 entsteht eine starke Basis für schwarze Figuren, der Positionsvorteil des Nachziehenden wäre augenscheinlich. Alles die Folge der zu geringen Widerstandskraft des stark scheinenden weißen Zentrums.

12. Lc4—d3	. . . .

Er will sein Zentrum durchaus behaupten. Besser war es aber, mit 12. de:, den Zentrumstraum aufzugeben und bei kleinem Stellungsnachteil (Schwäche d3, Hemmung c3) Ausgleich anzustreben.

12.	. . . .	Tf8—e8
13.	Sb1—d2	Lb6—a7
14.	Dd1—c2	e5—d4:!

Damit bricht der Sturm gegen die weiße Mitte los. Man beachte die Idealstellung der schwarzen Figuren. Dame, Königsturm und Königsläufer wirken, selbst unangreifbar, aus der Ferne. Der Damenläufer wartet auf eines der Felder e6 oder f5, welche nach Zerstörung des weißen Zentrums frei werden. Und man beachte, daß Schwarz eigentlich weniger Figuren im Spiele hat als der Gegner. Hier zeigt sich derselbe Unterschied wie im beiderseitigen Zentrum: Die vorgerückten Truppen stehen zu wenig geschützt und können daher keine ungestörte Wirkung ausüben. Man beachte, daß dies alles eine Folge der verfehlten Zentrumsauffassung war. Weiß mußte sämtliche Figuren dazu verwenden, seine Mitte zu stützen, es zeigt sich aber, daß die Aufgabe die Mittel übersteigt. Das Zentrum ist eben das Rückgrat jeder Stellung und drückt jeder Stellung sein Gepräge auf. Ein nicht genügend verteidigungsfähiges Zentrum macht auch die Stellung im gleichen Maße krank, während ein unerschütterliches, also genügend verteidigungsfähiges Zentrum die Stellung ebenso unerschütterlich und genügend verteidigungsfähig macht.

15. Sf3—d4:	. . . .

Nimmt der Bauer, so könnte folgen: 15. . . . . Sb4 16. D∼, Sd3: 17. Dd3:, Se4:! 18. Se4:, Lf5 19. Sfd2, d5 20. f3, de: 21. fe:, Lg6.

Weiß hätte zwar noch immer sein Zentrum, die Bauern e4 und d4, aber diese wären nun auch der theoretischen Möglichkeit beraubt, von rechts und links wieder durch Bauern gestützt zu werden, wären zu den berüchtigten „hängenden" degradiert und, angesichts der vortrefflich postierten feindlichen Läufer, auf die Dauer kaum zu halten. Weiß entschließt sich also mit einer Figur zurückzuschlagen, womit er seine verfehlte Zentrumsstrategie zugibt. Da aber seine ganze Figurenaufstellung auf die Behauptung des Zweibauernzentrums eingerichtet war, zeigt sich, daß nach Auflösung des Zentrums die weißen Figuren ungünstig stehen und die Bauern des Damenflügels zwecklos geschwächt wurden. Zu einer planmäßigen Umgruppierung bleibt keine Zeit. Schwarz hat bereits den Angriff erlangt und führt ihn schlagend durch. Daß dieser Angriff rascher zum Ziele führt, als bei relativ bester Verteidigung möglich war, hat für die prinzipielle Bedeutung der Partie nichts zu sagen. Es folgte:

15.	....	Sc6—e5
16.	Ld3—f1	d6—d5!
17.	Ta1—d1	c7—c5
18.	Sd4—b3	Dd8—c7
19.	Le3—f4?	Se5—f3†!
20.	Sd2—f3:	Dc7—f4:
21.	e4—d5:	Lc8—f5
22.	Lf1—d3	Lf5—h3:
23.	g2—h3:	Df4—f3:
24.	Te1—e8‡??	Ta8—e8:
25.	Ld3—f1	Te8—e5
26.	c3—c4	Te5—g5†
27.	Kg1—h2	Sf6—g4†!
28.	h3—g4:	Tg5—g4:

Weiß gab auf.

Interessant ist folgende Partie. Das unerschütterliche, doppelt gedeckte Zentrum ermöglicht einen erfolgreichen Flügelangriff. Die vorläufig geringe Wirksamkeit der Figuren (besonders des Damenläufers) spielt angesichts der Wichtigkeit des Zentrums eine untergeordnete Rolle.

Löwenfisch   Bogoljubow
(Moskau 1924, Nationalturnier)

1.	Sg1—f3	Sg8—f6
2.	c2—c4	e7—e6
3.	g2—g3	d7—d5
4.	b2—b3	Lf8—e7

5. Lc1—b2	0—0
6. Lf1—g2	a7—a5!

Die Unterstützung des Zentrumspunktes d5 hat sich Schwarz für den Bedarfsfall vorbehalten. Er hat hier nichts zu fürchten und beginnt ein aussichtsvolles Flügelspiel.

7. 0—0	....

Auf 7. a3 könnte trotzdem a4 folgen. Immerhin war der Zug etwas besser.

7.	a5—a4
8. d2—d3	....

Besser sofort d2—d4. Die Aufstellung des Weißen ist dann stark, wenn es sich darum handelt, das gegnerische Zentrum anzugreifen, d. h. wenn also Schwarz etwa das Zweibauernzentrum e5 und d5 aufgebaut hat. Dann kann Weiß nach Bedarf einmal mit e2—e4 oder d2—d4 angriffsweise vorgehen und muß sich diese Angriffsmöglichkeiten reservieren. Hier aber, wo Schwarz ein Zentrum errichtet hat, welches voraussichtlich nicht mit Erfolg angegriffen werden kann, sollte Weiß ein Gleiches tun und ebenfalls ein Zentrum aufrichten. Nun kommt er in Nachteil, weil er weder selbst ein kräftiges Zentrum besitzt, noch das gegnerische stürmen kann.

8.	c7—c6
9. Sb1—d2	Sb8—a6!
10. d3—d4	....

Es fehlen die guten Züge und er trachtet daher, das Versäumte unter Tempoverlust nachzuholen. Tc1 war eine Kleinigkeit besser.

10.	a4—a3
11. Lb2—c3	b7—b5!

Daraufhin ist der Läufer nur unter Verelendung der Partie zu retten. Zieht Weiß später statt Sd2—b1 Ta1—c1, so folgt sehr stark Sa6—b4!.

	Weiß	Schwarz
12.	c4—b5:	c6—b5:
13.	Sd2—b1	b5—b4
14.	Lc3—d2	Lc8—d7
15.	Sf3—e5	Ld7—b5
16.	Ld2—g5	h7—h6
17.	Lg5—f6:	Le7—f6:
18.	Sb1—d2	Dd8—b6
19.	Sd2—f3	Ta8—c8
20.	Dd1—d2	Tc8—c3

Die c-Linie hätte Schwarz immer erobert. Er steht bereits strategisch auf Gewinn.

	Weiß	Schwarz
21.	Se5—g4	Lf6—e7
22.	Sf3—e5	Tf8—c8
23.	Tf1—e1	Le7 —g5
24.	f2—f4	Lg5—e7

Nun ist die Damenlinie nach h6 unterbunden und jede Opfergefahr beseitigt.

	Weiß	Schwarz
25.	Sg4—e3	Sa6—b8!
26.	Ta1—d1	Sb8—c6
27.	Se5—c6:	....

Es hat Sc6—d4: nebst Le7—c5 gedroht.

	Weiß	Schwarz
27.	....	Tc8—c6:
28.	h2—h4	Le7—f6
29.	Kg1—h2	....

Es drohte 29. .... Lf6—d4: 30. Dd2—d4:, Tc3—e3: usw. Jetzt dagegen könnte 29. .... Lf6—d4: mit 30. Se3—d5: beantwortet werden.

	Weiß	Schwarz
29.	....	Lb5—a6
30.	f4—f5	....

In seiner zweifellos verlorenen Stellung versucht Weiß einen Ausfall, der indes nur den Untergang beschleunigt.

	Weiß	Schwarz
30.	....	Db6—b8!

Droht Lf6—h4: usw.

	Weiß	Schwarz
31.	Kh2—h3	e6—f5:!
32.	Lg2—f3	....

Falls 32. Se3—f5:, so La6—c8! usw. Auf 32. Lg2—d5: gibt es verschiedene Entscheidungen, z. B. f5—f4 oder Tc6—d6.

32.	....	g7—g5!
33.	Kh3—g2	g5—h4:
34.	g3—h4:	Lf6—h4:
35.	Te1—g1	Lh4—g5!
36.	Kg2—h1	Kg8—f8
37.	Tg1—g5:	h6—g5:
38.	Se3—f5:	Db8—f4
39.	Dd2—f4:	g5—f4:!
40.	Kh1—g2	Tc3—c1

Weiß gab auf.

Eine bemerkenswerte Partie. Nicht so sehr, was die Variante anbelangt, sondern was den Grundgedanken der Verteidigung betrifft. Die letzten 10 Züge zeigen die elementare Gewalt eines Bogoljubowschen Angriffs. —

Kostitsch	Grünfeld

Teplitz-Schönau 1922

1.	d2—d4	Sg8—f6
2.	c2—c4	g7—g6
3.	Sb1—c3	d7—d5

Diese Variante der Königsindischen ist ein Werk Grünfelds und nach ihm benannt. Ein zahlenmäßig stärkeres weißes Zentrum wird nicht nur gestattet, sondern sogar provoziert. Es soll dann Zielpunkt andauernder Angriffe werden.

d7—d5 muß geschehen, sobald der weiße Springer auf c3 steht und e2—e4 droht.

4.	c4—d5:	....

Nachhaltiger ist wohl e2—e3 nebst Dd1—b3 mit kleinem Eröffnungsvorteil. Jetzt muß Weiß kämpfen, um Nachteil zu vermeiden.

4.	....	Sf6—d5:
5.	e2—e4	Sd5—c3:
6.	b2—c3:	Lf8—g7
7.	Sg1—f3	....

Statt dessen kann Weiß sein Zentrum noch breiter anlegen und f2—f4 spielen. Aber das gefährdet die Lage noch mehr. Es kann folgen: 7. .... c7—c5 8. Lf1—b5† (wenn 8. Sg1—f3, so c5—d4: 9. c3—d4:, Sb8—c6 10. Lc1—e3, Lc8—g4 11. e4—e5, e7—e6 mit Vorteil für Schwarz), Lc8—d7 9. Lb5—d7‡, Dd8—d7: 10. Sg1—f3, c5—d4: 11. c3—d4:, Sb8—c6 12. e4—e5, e7—e6 13. Lc1—a3, Sc6—e7 (vielleicht 0—0—0!) und die weiße Mitte bleibt schwach.

7.	....	c7—c5
8.	Lf1—b5†	Lc8—d7
9.	Lb5—d7‡	Dd8—d7:
10.	0—0	c5—d4:
11.	c3—d4:	Sb8—c6
12.	Lc1—e3	0—0
13.	Ta1—b1	Sc6—a5
14.	d4—d5	....

Vom Standpunkt der Verteidigung war Dd1—d2 etwas besser. Weiß will jedoch nicht abwarten, bis der Gegner seine Majorität auf dem Damenflügel in Bewegung setzt, sondern angreifen und eventuell mit einem Freibauer auf der d-Linie drohen. Auch will er die ewige Drohung Lg7—d4: los werden und den Läufer g7 beseitigen. Alles verständlich.

14.	....	Tf8—c8
15.	Le3—d4	Lg7—d4:
16.	Dd1—d4:	b7—b6
17.	Sf3—e5	....

Die offene Linie durfte er aber dem Gegner nicht überlassen. Tb1—c1 sollte geschehen.

17.	....	Dd7—d6

Statt dessen konnte jetzt Schwarz selbst die c-Linie mit Dd7—c7 besetzen und 18. Se5—g4 mit Dc7—c3 parieren. Weiß könnte nun seinen Fehler wieder gutmachen und Tb1—c1 ziehen. So wie er spielt, gerät er in entscheidenden Nachteil.

18.	Se5—g4	Dd6—f4
19.	Sg4—e3	Tc8—c5!

20.	Tb1—c1	....

Bereits zu spät.

20.	....	Ta8—c8
21.	Tc1—c5:	Tc8—c5:
22.	f2—f3	h7—h5
23.	g2—g3	Df4—c7
24.	e4—e5	....

Ein Kombinationsirrtum. Tf1—f2 war der gegebene Ver
tidigungszug.

24.	....	Sa5—c4!
25.	Se3—c4:	....

Erzwungen, denn das beabsichtigte 25. d5—d6, e7—d6: 26. Se£
—d5 scheitert an d6—e5:!.

25.	....	Tc5—c4:
26.	Dd4—e3	Tc4—c2
27.	e5—e6	Dc7—c5!
28.	De3—c5:	Tc2—c5:

und Schwarz hat ein überlegenes Turmendspiel, welches er sorgfältig
zum Siege führte.

IV. Der Verteidigungsgedanke fehlt

Wir haben schon erwähnt, daß man sich in früheren Zeiten nur
ausnahmsweise und ungern verteidigte. Die Verteidigung wurde,
wenn nur irgend denkbar, durch Angriff bzw. Gegenangriff ersetzt.

Nicht nur der Nachziehende handelte derart, auch im Anzug
dachte man nicht an Sicherungen, an die Zukunft. Der Augenblick
herrschte. Drohungen und Kombinationen waren maßgebend. Nicht
nur der Begriff Positionsspiel, auch viele wichtige Entwicklungs-
prinzipien standen weit und unerkannt im Hintergrunde.

Diese Umstände treten in vielen alten Partien kraß hervor.
Ein Beispiel mag genügen.

Labourdonnais		Macdonnell
1.	d2—d4	d7—d5
2.	c2—c4	d5—c4:
3.	Sb1—c3	f7—f5

Nach modernen Begriffen ein entsetzlicher Zug. Auf diese primi-
tive Art will Schwarz e4 verhindern. Während er sich einerseits
verteidigt, entblößt er sich zehnfach andererseits. Sein Königsbauer
wird rückständig, Punkt e5 heillos schwach. Die vorgeschrittene

Verteidigungskunst unserer Zeit weiß, daß sie der Zentrumsbildung des Anziehenden mit c7—c5 oder, wenn möglich wie hier, mit e7—e5 entgegenzuwirken hat. Schwarz dachte aber sicherlich hauptsächlich an Angriff (0—0, Tf6, Th6 Hurra, Matt!). Nach heutiger Auffassung schlimmstes Kaffeehausschach.

4.	e2—e3	e7—e6
5.	Lf1—c4:	c7—c6
6.	Sg1—f3	Lf8—d6
7.	e3—e4	b7—b5
8.	Lc4—b3	a7—a5

Das blinde Vorstürmen auf dem Damenflügel hat die Partie total ruiniert. Nach dem Fehler im 3. Zuge hätte Schwarz bei geordneter Entwicklung immerhin noch lange Widerstand leisten können. Eine Stellung wie die nun entstandene scheint uns heute im ernsten Meisterkampf geradezu unmöglich.

9.	e4—f5:	e6—f5:
10.	0—0	a5—a4
11.	Lb3—g8:	Th8—g8:
12.	Lc1—g5	Dd8—c7
13.	Dd1—e2†	Ke8—f8
14.	Tf1—e1	Kf8—f7

Falls 14. .... Ld7, so 15. Le7†, Kf7 16. Ld6:, Dd6: 17. Se5† usw.

15.	Ta1—c1	Dc7—b7
16.	d4—d5	h7—h6
17.	d5—c6:	Db7—a6
18.	Sc3—b5:	h6—g5:
19.	Sb5—d6‡	Kf7—g6
20.	Sf3—e5†	Kg6—f6
21.	De2—h5 und Weiß gewann.	

Macdonnell war einer der größten Meister seiner Zeit. Er hat diese Partie schlechter geführt, als heute irgendein Nebenturnierspieler. Hat sich im ungestümen Vorwärtsdrange verblutet. Die stete Bedachtnahme auf alle möglichen Gefahren, die Behutsamkeit, die bei jedem Schritte nach vorwärts notwendig ist, kurz, der Verteidigungsgedanke, der in einer guten Meisterpartie unserer Zeit aus jedem Zuge spricht, fehlt vollständig.

Unzählige Partien dieser Art könnten aus der Vergangenheit hervorgeholt werden. Unsystematisch, zerfahren in der Anlage, prächtig in kleinen Kombinationsabschnitten.

Sehr selten, daß sich eine Partie als geschlossenes Ganzes präsentierte.

V. Steinitz

Der einzig dastehende Meister passiver Verteidigung und in dieser Beziehung unerreichbar. Gleichzeitig ein Schöpfer vieler Strategeme, nach denen sich das wissenschaftliche Schach von heute entwickelt hat. Der bahnbrechende Erzieher ganzer Generationen. Aber kein Erzieher zum Stil, ein Erzieher zu Prinzipien! Viele seiner Prinzipien sind felsenfeste Wahrheiten geblieben, sein Stil aber mußte der Masse fremd bleiben. Er war zu schwer, zu eigensinnig, zu persönlich. Hartnäckig suchte er die immer überlegene Kraft der überlegenen Materie zu beweisen. Unsere heutigen Ansichten über Stärken und Schwächen traten bei ihm geradezu exzessiv hervor. Würde man seine Gedankentiefe und seinen Ernst nicht so genau kennen, müßten viele seiner Partien den Eindruck wüster Abenteuer erwecken. Oft genug hat auch den unermüdlichen Forscher die Gefahr verschlungen. Er gab trotzdem nicht nach. Mit oft geradezu fanatischer Waghalsigkeit, die uns, die wir alle an den Entwicklungstheorien von Tarrasch gesogen haben, noch drastischer anmutet, hat Steinitz seine Prinzipien durchsetzen wollen. Wir wissen heute, daß seine Grundgedanken grandios und richtig waren, daß aber ihm, dem Einzelnen, der als Reformer bloß auf eigene Erfahrung angewiesen war, oft die Entdeckung der richtigen Durchführungsmethode versagt blieb. Wo es ihm aber gelang, seinen Willen heil und rein durchzubringen, dort hat er Ewigkeitswerte geschaffen. — Nachfolgend zwei Partien.

Die erste illustriert wie Steinitz oft bestrebt war, durch gewagte oder sogar objektiv ungünstige Partieanlage seinen Gegner zum Angriff zu verlocken. Den scheinbar oder auch tatsächlich

schlechten Stellungen verstand er aber mit unnachahmlicher Zähig-
keit und Virtuosität derartige Widerstandskraft zu geben, daß sie
allen möglichen Angriffen im hohen Grade trotzen konnten. Dadurch erlahmte oft die Kraft der Gegner und häufiger als notwendig
fanden sie den Weg zum Verlust. (Passivität als Mittel zum Zweck!)
Die zweite ist ein Beispiel vollendeter Zentrumsstrategie.

Steinitz   L. Paulsen

Baden-Baden 1870

1.	e2—e4	e7—e5
2.	Sb1—c3	Sb8—c6
3.	f2—f4	e5—f4:
4.	d2—d4	....

Bekanntlich von Steinitz herrührend und nach ihm benannt.
Objektiv mag die Eröffnung besser sein, als manch anderes Gambit.
Aber man stelle sich vor, welche Wirkung es namentlich in der
damaligen Zeit auf einen Spieler haben mußte, wenn er plötzlich
Gelegenheit hatte, den feindlichen König übers Brett zu treiben.
Damals, wo doch der König das erste und letzte Ziel aller Angriffe
war! War es da nicht allzu natürlich, wenn die vorliegende Stellung
von Schwarz überschätzt wurde? Sogar von dem großen Ver-
teidigungskünstler Louis Paulsen!

4.	....	Dd8—h4†

Die Deplacierung des weißen Königs wird durch die Deplacierung der schwarzen Dame beinahe völlig wettgemacht. Besonders
hier wo Weiß, infolge des schwächeren 2. Zuges von Schwarz (statt
offensive Entwicklung Sg8—f6, unnötige Defensive), unbehelligt ein
starkes Zentrum bilden konnte.

5.	Ke1—e2	d7—d6

Für das Stärkste gilt d7—d5, was logisch ist, denn zum Angriff
ist schleunige Linienöffnung nötig. Falls dann 6. ed:, De7† 7. Kf2,
Dh4† mit ewigem Schach. Schwarz kann also ausgleichen. Eine
Widerlegung ist bisher nicht bekannt.

6.	Sg1—f3	Lc8—g4
7.	Lc1—f4:	....

Und schon steht Weiß recht gut. Er hat seinen Bauer zurück,
das Zentrum, und von einem feindlichen Angriff ist nichts zu sehen.

7.	....	0—0—0
8.	Ke2—e3	Dh4—h5
9.	Lf1—e2	Dh5—a5
10.	a2—a3	Lg4—f3:

11. Ke3—f3:   Da5—h5†

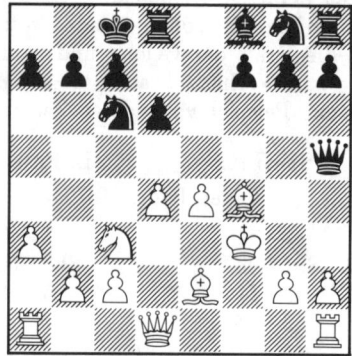

Die schwarze Dame zieht ratlos hin und her, vor feindlichen Angriffen flüchtend, wogegen dem weißen König nichts anzuhaben ist.

In dieser Partie ist das Verteidigungsgenie Steinitz nicht so sehr in Detailleistungen zu bewundern (denn er hat eigentlich vom Anfang an den Angriff!) als in der richtigen Beurteilung der neuen Eröffnung, in welcher sich die Angriffsaussichten von Schwarz ziemlich gering erweisen.

12. Kf3—e3	Dh5—h4
13. b2—b4	g7—g5
14. Lf4—g3	Dh4—h6
15. b4—b5	Sc6—e7
16. Th1—f1	Sg8—f6
17. Ke3—f2	Se7—g6
18. Kf2—g1	....

Nun ist der weiße König in völliger Sicherheit, das weiße Spiel in jeder Beziehung hoch überlegen. Steinitz entscheidet durch tadellose Angriffsführung.

18.	Dh6—g7
19. Dd1—d2	h7—h6
20. a3—a4	Th8—g8
21. b5—b6!	a7—b6:
22. Tf1—f6:!!	Dg7—f6:
23. Le2—g4†	Kc8—b8
24. Sc3—d5	Df6—g7
25. a4—a5!	f7—f5
26. a5—b6:!	c7—b6:
27. Sd5—b6:	Sg6—e7

Wenn statt dessen f5—g4:, so 28. Dd2—c3 usw.

| 28. | e4—f5: | Dg7—f7 |
| 29. | f5—f6 | Se7—c6 |

Auf Df6: gewinnt wieder Dc3 usw.

| 30. | c2—c4 | Sc6—a7 |
| 31. | Dd2—a2 und Weiß setzte bald matt. | |

Zukertort   Steinitz
(Zweiter Wettkampf)

1.	d2—d4	d7—d5
2.	c2—c4	e7—e6
3.	Sb1—c3	Sg8—f6
4.	Sg1—f3	d5—c4:
5.	e2—e3	c7—c5
6.	Lf1—c4:	c5—d4:
7.	e3—d4:	Lf8—e7
8.	0—0	0—0
9.	Dd1—e2	Sb8—d7
10.	Lc4—b3	Sd7—b6
11.	Lc1—f4	Sb6—d5
12.	Lf4—g3	Dd8—a5
13.	Ta1—c1	Lc8—d7
14.	Sf3—e5	Tf8—d8

Diese Stellung ist heute wohlbekannt. Der isolierte Bauer d5 ist dem Schwarzen ein Angriffsziel, dagegen bietet er dem Weißen die Möglichkeit zu aggressiver Figurenentwicklung, zum Angriff. Nach unseren Darlegungen ist es ein Kampf des kleinen aber stark gestützten Zentrums (e6) gegen das stolze aber schwächer gedeckte (d4) und der Vorteil sollte auf Seite des Verteidigers sein. Das von Steinitz gewählte System ist seine eigene Schöpfung und ein gewaltiges Werk. Unbeirrt vom Wandel der Zeiten bleibt sein Wert aufrecht und steht besonders in unserer Epoche hoch in Ehren. Die Partie zeigt uns, was Steinitz für die Allgemeinheit geschaffen hat. Sie hat jenen eindringlichen pädagogischen Inhalt, der später ein Ideal und ständiges Leitmotiv von Dr. Tarrasch wurde.

Zum Verlauf des Spieles wäre bisher zu bemerken, daß Weiß im 7. Zuge mit einer Figur, am besten mit der Dame zurückschlagen und so die Partie vereinfachen konnte. Naturgemäß wollte er als Anziehender nicht so früh lediglich ausgleichen. Im 11. Zuge war die Entwicklung des Läufers nach g5 kräftiger, um dem Gegner die Herrschaft über den strategisch wichtigsten Punkt d5 zu erschweren.

| 15. | De2—f3 | Ld7—e8! |

Schwarz handelt so, daß er immer in der Lage ist, bei Abtausch auf d5 zuletzt mit einer Figur zu schlagen. Das ist in allen ähnlichen

Stellungen wichtig, damit das Angriffsobjekt nicht maskiert wird. Das Postieren einer Figur vor dem Angriffsobjekt ist zu dessen Fixierung nötig.

16. Tf1—c1   Ta8—c8
17. Lg3—h4   ....

Nun droht der Tausch auf d5, wonach Schwarz schließlich mit dem Bauer zurückschlagen müßte.

17.   ....   Sd5—c3:!

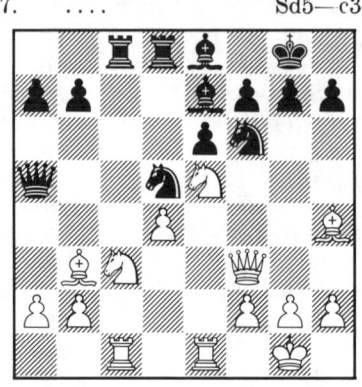

Eine lehrreiche Verschiebung des strategischen Schwergewichts. Der Angriff auf d4 wird vorläufig aufgegeben, indem dieser Bauer gestärkt wird. Dafür stehen in den geschwächten Bauern c3 und a2 neue Angriffsziele auf, die noch wertvoller sind. Denn hätte z. B. Weiß früher den Bauer d4 verloren, so war eben ein Bauer dahin. Würde er dagegen jetzt den Bauer c3 verlieren, so würde gleichzeitig d4 unhaltbar, und wenn andererseits der Bauer a2 fallen sollte, so hat Schwarz sofort einen gewaltigen Freibauer auf der a-Linie. Für Weiß steht also jetzt mehr auf dem Spiele als früher.

18. b2—c3:   Da5—c7
19. Df3—d3   Sf6—d5
20. Lh4—e7:   Dc7—e7:
21. Lb3—d5:   ....

Um nach Beseitigung des starken Springers etwas Angriff zu erlangen. Gleich konnte der Turm nicht eingreifen, denn auf 21. Te1—e4 gewinnt Schwarz durch f7—f6 22. S beliebig, Le8—g6.

21.   ....   Td8—d5:
22. c3—c4   Td5—d8!
23. Te1—e3   ....

Ein entscheidender Fehler wäre 23. d4—d5 wegen der Sprengung b7—b5!.

23.   ....   De7—d6

24. Ta1—d1	f7—f6
25. Te3—h3	h7—h6

Die Annahme des Opfers würde Weiß mindestens Remis sichern.

| 26. Se5—g4 | Dd6—f4 |

Nun droht e6—e5!. Infolge seiner festeren Zentrumsposition ist Schwarz allmählich zur Herrschaft gelangt und geht zum entscheidenden Angriff auf die weiße Mitte über, den er sehr fein mit einem Kombinationsangriff verbindet.

| 27. Sg4—e3 | Le8—a4!! |

e6—e5 ging jetzt nicht, da der Bauer c4 gedeckt wurde. Der Textzug ist gewaltig. Er zwingt den Gegner die erste Reihe aufzugeben, wodurch die folgende Kombination möglich wird. Der 29. Zug enthüllt dann noch eine zweite Pointe.

| 28. Th3—f3 | .... |

Wenn sofort 28. Td1—d2, so b7—b5!! und Weiß hat keine Rettung. Z. B. 29. Th3—f3, Df4—b8 30. c4—b5:, Tc8—c1† 31. Se3—d1, e6—e5 wie Steinitz angibt. Der schwarze Angriff ist unwiderstehlich. — Oder 30. h2—h3 bzw. g2—g3, b5—c4: 31. Se3—c4:, La4—b5! 32. Td2—c2, Db8—c7 und gewinnt. Oder endlich 30. Td2—b2, b5—c4:! 31. Se3—c4:, Tc8—c4:! und gewinnt.

| 28. .... | Df4—d6 |
| 29. Td1—d2 | La4—c6! |

Darauf kann Weiß nicht 30. d4—d5 ziehen, denn er würde den Bauer verlieren durch e6—d5: 31. c4—d5:, Lc6—d5: 32. Se3—d5:, Tc8—c1† 33. Td2—d1, Tc1—d1‡ nebst Dd6—d5:.

| 30. Tf3--g3 | f6—f5 |
| 31. Tg3—g6 | Lc6—e4 |

Wie der Läufer auf diesen dominierenden Posten gebracht wurde, das war genial.

32. Dd3—b3	Kg8—h7
33. c4—c5	Tc8—c5:
34. Tg6—e6:	....

Das Nehmen mit der Dame war besser, hätte jedoch zu einem verlorenen Endspiel geführt.

34.	Tc5—c1†
35. Se3—d1	Dd6—f4!
36. Db3—b2	Tc1—b1
37. Db2—c3	Td8—c8!
38. Te6—e4:	....

Um schließlich ewiges Schach zu geben (Dc8†, Df5† usw.), wenn Schwarz mit dem Bauer schlägt.

| 38. .... | Df4—e4:! |

Aufgegeben.

VI. Der Stil „Tarrasch"

Tarrasch ist der Volkskaiser der Schachwelt. Die Überschrift spricht schon einen Unterschied zu Steinitz aus. Steinitz hat große Grundsätze, aber keinen Stil geschaffen.

Tarrasch hat Steinitz in vieler Hinsicht ergänzt. Was jenem noch fehlte, waren die Regeln zur Durchführung seiner Ideen. Solcher Regeln hat Tarrasch eine Unzahl aufgestellt und darauf einen Stil gegründet.

Beide traten als Meister des Verteidigungsgedankens hervor. Auf ziemlich unbebautem Boden begannen sie ihr Werk. Es galt suchen, forschen, experimentieren. Steinitz trieb letzteres bis zur Unvorsichtigkeit. Das war seine größte, allerdings nur im unbefangenen Rückblick auf seine Laufbahn erkennbare Schwäche. Er hat das Bestreben gehabt, seine angriffslustigen Gegner immerzu angreifen zu lassen, weil er überzeugt war, daß sie sich verbluten müßten. Den Stier bis zur Tollheit und schließlichen Erschöpfung zu reizen, das lockte ihn.

Tarrasch ist eine ganz entgegengesetzte, eher übervorsichtige Natur. Er zog es vor, alles zu vermeiden, was den „Stier" reizen könnte und sparte nicht mit Sicherungsvorkehrungen. Sein Bestreben war, den Gegner überhaupt nicht angreifen zu lassen. Die Analyse alter Partien mußte ihn darauf führen, daß 90 Prozent aller Angriffserfolge auf ungeordneten Figurenhaushalt von seiten des Verteidigers zurückzuführen seien. So kam er zu seinen Entwicklungstheorien. Er hat gefunden, daß es keine bessere Verteidigung geben kann, als durch rasche volle Entfaltung aller Kräfte den Gegner entweder überhaupt zurückzuschrecken oder auf Granit zu beißen lassen. Die Figurenentwicklung allein sieht er schon als die erste und wichtigste Verteidigung an. Diese Methode zeigte sich gegen den bis Ende des vorigen Jahrhunderts herrschenden, vielfach unkultivierten Stil ganz besonders erfolgreich, ja geradezu unbezwingbar.

Was Tarrasch so nach und nach an Prinzipien und Erfahrungen gefunden und gesammelt hatte, wurde er nicht müde, zu erklären und zu predigen. Seine kolossalen Turniererfolge gaben den Lehren entsprechenden Nachdruck. Sie haben den Stil der Zeit und besonders den Stil der damaligen jüngeren Meistergeneration entscheidend beeinflußt.

Folgen wir einigen dieser Lehren, die für die Allgemeinheit wertvoller sind als die schönsten Partien.

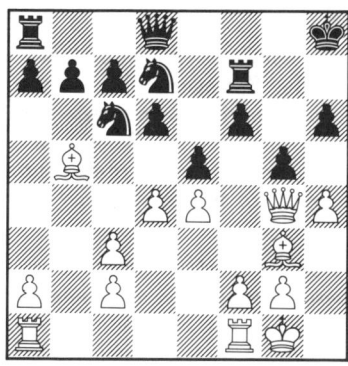

Diese Stellung kam in einer Partie Capablanca-Lasker, Petersburg 1914 vor. Weiß am Zuge spielte h4—g5:, und die Partie wurde schließlich remis.

Dr. Tarrasch schreibt zu diesem Zug:

„Ganz verfehlt. Der Zug darf in solchen — oft wiederkehrenden Stellungen erst nach Verdopplung der Türme auf der h-Linie geschehen, ja mitunter erst nach Vertripelung der schweren Figuren, einer Aufstellung, die der Verteidiger nicht nachmachen kann, weil der eigene h-Bauer ihm den Raum dazu nimmt. Infolgedessen kann dann der Angreifer mit mindestens einer schweren Figur in das feindliche Spiel eindringen, und das ist die Entscheidung."

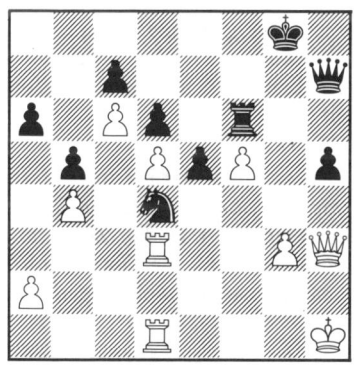

Diese Stellung kam in einer Matchpartie zwischen Dr. Lasker und Janowski vor.

Tarrasch schreibt:

„Schwarz hat die Qualität eingebüßt, aber die Bauern f5 und d5 sind schwach, und der Springer steht außerordentlich günstig, so recht ein Paradigma für den von mir aufgestellten Satz: Ein Springer in der Mitte des Brettes, der von einem Bauer gedeckt ist und von einem feindlichen Bauer nicht angegriffen werden kann, ist stärker als ein Läufer und beinahe so stark wie ein Turm."

Den Zug g2—g4 bzw. g7—g5, wenn die kurze Rochade geschehen ist und nicht ganz besondere Gründe vorhanden sind, nennt Dr. Tarrasch den „Harakirizug". Tatsächlich ist der Zug häufig lockend, aber selten gut, was sich an vielen Beispielen erhärten ließe.

„Der Zug h2—h3 zur Einschränkung des feindlichen Läufers ist meistens gut, wenn beide Teile kurz rochiert haben. Hat es der Gegner noch nicht getan, dann hüte man sich, die Rochadestellung derart zu schwächen. h7—h6 nebst g7—g5 und unwiderstehlicher Feindesangriff könnte die Folge davon sein."

Für Turmendspiele: Die Türme gehören hinter die Freibauern. Sowohl hinter die eigenen als auch hinter die feindlichen. Mit Kenntnis dieser Regel kann man, selbst wenn man ziemlich unerfahren ist, ein Endspiel remis halten, in welchem der Gegner einen freien Mehrbauer besitzt, auch umgekehrt einmal gewinnen, statt remis zu machen.

„Das Schwerste ist, eine gewonnene Partie zu gewinnen." Klingt ein bißchen witzig, ist aber ein tiefer Satz, der den Verteidigungsgedanken wachrufen soll und zu unentwegter Vorsicht mahnt, selbst wenn Fortuna lächelt.

Und noch viele Lehren dieser Art hat uns Dr. Tarrasch geschenkt. Auch manche, die mit der fortschreitenden Entwicklung erschüttert wurden. So besonders einige, was das Zentrum anbelangt. Solches war natürlich bei einem Mann wie Tarrasch, der immer bis in das kleinste Detail mathematisch vordringen wollte, unvermeidlich.

Die folgende Partie ist für Dr. Tarrasch außerordentlich typisch. Die Methode hat einen glänzenden Sieg davongetragen. Tarrasch hat in seiner langen Laufbahn viel gute, aber keine besseren Leistungen vollbracht! Wie Schwarz den vorzeitigen Flügelangriff im unerschütterlichen Glauben an das Zentrum zunächst ignoriert, sich einfach entwickelt, dann allmählich zur Aktivität und zum siegreichen Durchbruch übergeht, und wie der Gegner in der sorgsam aufgebauten Stellung des Schwarzen vergeblich nach Anhaltspunkten zu einem Angriff ausspähen muß — das alles bietet einen hohen künstlerischen und ästhetischen Genuß.

	Breyer	Tarrasch
1.	d2—d4	d7—d5
2.	e2—e3	Sg8—f6
3.	Sg1—f3	e7—e6
4.	Sb1—d2	Lf8—d6
5.	c2—c4	b7—b6
6.	Dc1—c2	Lc8—b7
7.	c4—c5	b6—c5:
8.	d4—c5:	Ld6—e7
9.	b2—b4	0—0
10.	Lc1—b2	a7—a5
11.	b4—b5	....

Wie Schwarz im folgenden durch musterhafte Strategie nachweist, ist dies ein entscheidender Fehler. Notwendig war 11. a2—a3! Der eigentliche Fehler geschah aber schon im 7. Zuge. Der Bauernvorstoß mußte erst mit a2—a3 vorbereitet bzw. gedroht werden. Schwarz hätte die nach dem 11. Zuge entstandene Stellung erzwingen können, wenn er statt 9. .... 0—0 mit a7—a5! angegriffen hätte. Wenn Weiß die Bauern in der schrägen Front (b4, c5) behaupten kann, so stehen die Chancen etwa gleich. Um die Fehlerhaftigkeit des 11. Zuges nachzuweisen — dazu gehörte allerdings jenes prächtige zielbewußte Spiel, wie es Dr. Tarrasch im folgenden liefert.

11.	....	c7—c6
12.	a2—a4	Sb8—d7
13.	Lb2—d4	....

Nach 13. Sd2—b3 kann Schwarz zwar nicht auf Bauerngewinn spielen, denn nach c6—b5: 14. c5—c6!, Ta8—c8 15. a4—b5: stünde Weiß auf Gewinn, dagegen bieten sich verschiedene, wenn auch schwerlich ganz korrekte Opferkombinationen, die zu fürchten Weiß allen Grund hatte. Etwa 13. Sd2—b3, c6—b5: 14. c5—c6, b5—a4: 15. c6—b7:, Ta8—b8 16. Ta1—a4:, Tb8—b7: drohend Dd8—b6 usw. Weiß kann nicht rasch genug rochieren, um die Provozierung derartiger Angriffe wagen zu dürfen.

13.	....	Tf8—e8!

Die Bildung des idealen Zentrums mit e6—e5 wird vorbereitet.

14. Ta1—c1   Le7—f8
15. Dc2—b2   Sf6—g4!!

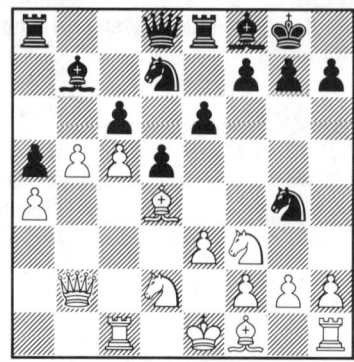

Ein sehr feiner, weit berechneter Plan. Der Bauer c5 soll mit Dame, Läufer und beiden Springern angegriffen und erobert werden. Dazu muß der Königsspringer nach e6. Weiß kann diesen Plan stören, aber nicht verhindern.

16. h2—h3   Sg4—h6
17. Sd2—b3   · f7—f6
18. Db2—a3   . . . .

Anders ist der Bauer nicht zu verteidigen.

18. . . . .   e6—e5
19. Ld4—c3   Dd8—c7

Hierauf darf Weiß nicht 20. b5—b6 ziehen, da einfach Dc7—b6: folgen würde. Andererseits droht aber c6—b5: nebst Lf8—c5:

20. Lc3—b2   Te8—c8!

Auch c6—b5: 21. Lf1—b5: (nicht a4—b5: wegen a5—a4! nebst Lf8—c5:) Lb7—c6 war schon sehr günstig für Schwarz, aber der Textzug ist noch stärker. Er droht wieder 21. . . . . c6—b5: nebst Sd7—c5:. Da auch 21. b5—b6 an Sd7—b6: scheitert, scheint der Bauer verloren zu sein. Breyer findet aber noch eine kombinative Rettung.

21. Da3—a2!

Zieht die Dame aus der Linie des feindlichen Läufers und verhindert c6—b5:, worauf jetzt 22. c5—c6!, Lb7—c6: 23. a4—b5: Figurengewinn zur Folge hätte. Auch wird b5—b6 ermöglicht.

21. . . . .   Dc7—d8

Und wieder droht c6—b5: usw.

22. b5—b6   . . . .

Der frontale Angriff ist abgewehrt. Aber nun setzt Schwarz das im 15. Zuge begonnene Manöver fort.

22.	....	Lf8—e7!

Ein Räumungszug für die Dame.

23.	Da2—b1	Dd8—f8
24.	Db1—c2	Sh6—f7!

Droht Sf7—d8 nebst Sd8—e6 und da die vierte Deckung mit Lb2—a3 wegen einfach Sd7—b6: nicht möglich ist, muß die Schlacht verlorengehen.

25.	h3—h4!	....

Noch ein geniales Aufbäumen gegen das Verhängnis; aber es nützt nichts.

25.	....	Sf7—d8
26.	g2—g3	Sd8—e6
27.	Lf1—h3	....

Indirekt ist der Bauer nun nochmals gedeckt. Schlägt ihn Schwarz, so kostet das die Qualität.

27.	....	Se6—c5:!

Aber Schwarz läßt sich nicht schrecken. Der Bauer c5, welcher auch über Sein oder Nichtsein des Bauern b6 entscheidet, ist viel wichtiger als die Qualität.

28.	Sb3—c5:	Sd7—c5:
29.	Lb2—a3?	....

Verhältnismäßig besser war Lh3—c8: nebst 0—0. Nun kommt das Ende noch rascher.

29.	....	Sc5—d3†!
30.	Dc2—d3:	Le7—a3:
31.	Lh3—c8:	Ta8—c8:
32.	Tc1—a1	La3—b4†

Schwarz hat mit dem Läuferpaar, dem starken Bauernzentrum und den zwei Bauern für die Qualität (b6 ist todgeweiht) gewonnenes Spiel.

33.	Sf3—d2	e5—e4
34.	Dd3—b3	....

Auf Dd3—e2 könnte Tc8—a8 drohend Lb7—a6 und auf 34. Dd3—c2 sofort Lb7—a6 folgen.

34.	....	c6—c5
35.	Ke1—d1	c5—c4
36.	Db3—a2	Df8—d6
37.	Kd1—e2	Lb7—a6
38.	b6—b7	Tc8—b8
39.	Ke2—d1	Tb8—b7:
40.	f2—f3	Kg8—h8
41.	f3—e4:	d5—e4:
42.	Kd1—c1	Dd6—g3:

43.	Sd2—f1	Dg3—e1†
44.	Kc1—c2	De1—c3†
45.	Kc2—d1	Dc3—d3†
46.	Kd1—c1	Tb7—d7

Aufgegeben.

Wie die Räder eines Uhrwerkes greifen die Züge präzise ineinander und vollbringen den Sieg. Man hört förmlich das Ticken der Methode.

Im Stile Dr. Tarraschs hat eine große Anzahl von Meistern gewirkt, die bedeutendsten darunter waren Teichmann, Schlechter und Maróczy.

Ebenfalls diesen Stil, jedoch in etwas veränderter Form weist Rubinstein auf. Seine allgemeinen Grundsätze sind die gleichen geblieben, in der Wahl der Eröffnung sowie in einer besonderen Vorliebe für das Endspiel unterscheidet er sich. Darin, daß er geschlossene Spiele bevorzugt und nach Vereinfachung trachtet, ist eine weitere Fortbildung des allgemeinen automatischen Verteidigungsgedankens zu erblicken. Gleichzeitig ist in dieser Taktik eine Auffrischung des Siegeswillens zu bemerken, der bei andern Meistern der Tarrasch-Epoche infolge Übertreibung der Verteidigung abzusterben begann. Insofern bildet Rubinstein ein Bindeglied zwischen Tarrasch und der Moderne, wie Pillsbury und Marshall ihr Sturmzeichen waren, ohne besonderen inneren Zusammenhang erkennen zu lassen.

Eine charakteristische Rubinstein-Partie:

Rubinstein   Maróczy

Göteborg 1920

1.	d2—d4	d7—d5
2.	Sg1—f3	Sg8—f6
3.	c2—c4	e7—e6
4.	Sb1—c3	Sb8—d7
5.	Lc1—g5	Lf8—e7
6.	e2—e3	0—0
7.	Ta1—c1	Tf8—e8
8.	Dd1—c2	d5—c4:

Das hätte Tarrasch kaum getan, selbst wenn er sich einmal zu der von ihm verpönten orthodoxen Verteidigung des Damengambits entschlossen hätte. Es kommt c7—c5 oder noch besser c7—c6 in Betracht, um dann einmal die Befreiung a7—a6, d5—c4: nebst b7—b5 und c6—c5 folgen zu lassen. Zunächst sollte Schwarz mit dem Abtausch auf c4 möglichst zuwarten bis der weiße Königsläufer gezogen hat. Dann gewinnt der Tausch ein Tempo.

VI. Der Stil „Tarrasch“.

9. Lf1—c4:	c7—c5
10. 0—0	c5—d4:
11. Sf3—d4:	. . . .

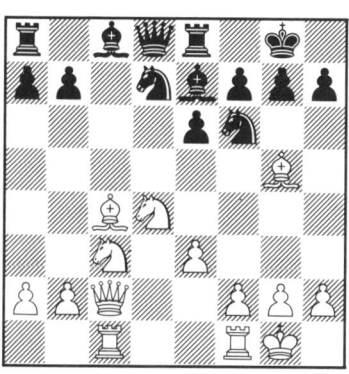

Der fortschreitende Verteidigungsgedanke! Tarrasch hätte wohl mit dem Bauern geschlagen, er hat immer an die überlegene Kraft des Mittelbauern geglaubt. Rubinstein schlägt mit der Figur, um keine organische Schwäche auf sich zu nehmen, selbst wenn sie längere Zeit nicht fühlbar wird, vielleicht gar nicht mehr zur Geltung kommen muß. Aber denken wir an die Partie Zukertort-Steinitz!

11.	. . . .	a7—a6

Viel besser war Sd7—e5 nebst Lc8—d7.

12. Tf1—d1	Dd8—a5
13. Lg5—h4	Sd7—e5
14. Lc4—e2	Se5—g6

Das verdirbt die Stellung. Noch immer sollte Lc8—d7 geschehen. Der weiße Eröffnungsvorteil wäre dann noch nicht zu groß. Die erhöhte Sicherheit (11. Sf3—d4:) hat die Angriffsaussichten verringert. Ein logisch immer wiederkehrender Fall.

15. Lh4—g3	e6—e5
16. Sd4—b3	Da5—c7
17. Dc2—b1	. . . .

Droht Qualitätsgewinn durch Springerabzug. Die ernsten Schwierigkeiten beginnen. Schwarz ist ungenügend entwickelt.

17.	. . . .	Dc7—b8
18. Le2—f3!		. . . .

Nun beginnt Rubinsteins feines Gewinnspiel. Er steht überlegen und verhindert systematisch unter gleichzeitiger allmählicher Verstärkung der Initiative jede Verbesserung der feindlichen Position.

18.	. . . .	Db8—a7

69

19. Sb3—a5!   ....

Damit wird verhindert, daß Schwarz mit Ta8—b8 und b7—b5 Luft bekommt.

19.	....	Le7—b4
20.	Sa5—c4	Lc8—d7
21.	Sc3—d5	Sf6—d5:
22.	Lf3—d5:	Ld7—e6

Es drohte Ld5—f7† usw.

23. Db1—e4   ....

Er schätzt die Stellung höher als den Bauer ein, den er mit 23. Sc4—e5:, Sf6—e5: 24. Lg3—e5:, Le6—g4 25. Td1—d4, Lb4—c5 26. Td4—g4:, Te8—e5: gewinnen konnte. Schwarz hätte dann wegen der ungleichen Läufer gute Remishoffnungen.

23.	....	Le6—d5:
24.	Td1—d5:	Tb8—c8

Droht b7—b5.

25. Tc1—d1   ....

Die Besetzung der d-Linie ist entscheidend.

25.   ....   Lb4—f8

Auf 25. .... f7—f5 folgt 26. De4—f5:, Tc8—c4: 27. Td5—d8! und Weiß gewinnt einen Turm zurück.

26.	b2—b3	b7—b5
27.	Sc4—d6	Lf8—d6:
28.	Td5—d6:	Tc8—c7
29.	h2—h4!	....

Ein Schulbeispiel à la Tarrasch. Nachdem Schwarz lahmgelegt ist, beginnt plötzlich ein direkter Königsangriff, gegen den nichts zu machen ist. Man beachte die bisherige, für die Automatiker charakteristische Art der Angriffsführung. Erst im 29. Zuge ein direkter Angriff, bis dahin war das Spiel vornehmlich auf die Verhinderung guter Züge des Gegners aufgebaut. Der eigentliche Angriff beginnt erst, wenn er 100 Prozent Aussicht auf Erfolg hat!

29.   ....   f7—f6

Der Bauer e5 war auch bedroht.

30.	De4—d5†	Kg8—h8
31.	h4—h5	Sg6—f8
32.	h5—h6	Sf8—g6
33.	Dd5—e6!	Te8—f8
34.	Td6—d7	g7—h6:
35.	Lg3—h4!	....

Um auf Sg6—h4: mit De6—e7! zu gewinnen. Schwarz gab auf.

70

VII. Philosophie

(Dr. Lasker.)

Er hat mancherlei Ähnlichkeit mit Steinitz; ist auch kein Stil, keine Richtung, sondern ausschließlich Persönlichkeit. Die Masse kann ihn bewundern, ihm aber nicht folgen.

Schließlich ist er weiter als Steinitz und weiter als Tarrasch gelangt. Allerdings hat er seine Laufbahn schon auf höherer Stufe als diese begonnen. Mit beiden hat er einiges Gute gemeinsam. Mit Steinitz die passive Verteidigungskunst, mit Tarrasch vieles an Entwicklungsstrategie. Von beiden unterscheidet ihn aber, daß er nicht starr, sondern elastisch denkt und handelt. Von beiden unterscheidet ihn, daß er nicht allein nach der Stellung zu urteilen pflegt, sondern auch die Person des Gegners ins Kalkül zieht. In allen Arten und Phasen des Kampfes ist er gleich groß. Er hat nicht die übertriebene Vorliebe von Steinitz für gedrückte Stellungen, aber auch nicht die übertriebene Scheu vor ihr, wie Dr. Tarrasch. Beide übertrifft er an taktischer Schlagfertigkeit. Beiden ist er über, indem ihm die Voreingenommenheit fremd ist. Viel hält er von der Widerstandskraft selbst ziemlich schlechter Stellungen und weiß, daß von der vorteilhaften zur Gewinnstellung noch ein weiter Weg ist. Daher überstürzt er sich auch selten. Die Philosophie hat ihn kühl und gelassen gemacht, weder Erfolge noch Mißerfolge können ihn aus dem Geleise bringen.

Er ist ein richtiges universelles Schachgenie, er ist das Genie des Kampfes Schach. Also nicht Kunst, Wissenschaft oder Mathematik, sondern Kampf!

Und der große Kämpfer hat ein feineres Gefühl für die Notwendigkeiten als der große Künstler, der große Gelehrte.

Capablanca	Lasker
Petersburg 1914	
1. e2—e4	e7—e5
2. Sg1—f3	Sb8—c6
3. Lf1—b5	a7—a6
4. Lb5—a4	Sg8—f6
5. 0—0	Sf6—e4:
6. d2—d4	b7—b5
7. La4—b3	d7—d5
8. d4—e5:	Lc8—e6
9. Sb1—d2	Se4—c5
10. c2—c3	d5—d4

Diese Auflösung kommt eine Kleinigkeit zu früh. Vorerst sollte Lf8—e7 geschehen, damit Schwarz nach Bedarf rochieren und alle Kräfte im Kampfe verwenden kann.

Nun kommt er infolge des vorzüglichen Gegenspiels in eine schwierige Lage und bleibt dauernd im Nachteil. Mit vollendeter Verteidigungskunst versteht er es aber zu verhindern, daß dieser Nachteil ausschlaggebend wird.

11.	c3—d4:	Sc6—d4:
12.	Sf3—d4:	Dd8—d4:
13.	Lb3—e6:	Sc5—e6:
14.	Dd1—f3	....

Damit beginnt Weiß rasch und energisch auf der Damenseite anzugreifen und Schwarz findet nicht Gelegenheit, die Figuren des Königsflügels schnell genug zu Hilfe zunehmen.

14.	....	Ta8—d8!

Pariert den drohenden Bauerverlust. Denn falls 15. Df3—c6†, so Dd4—d7 16. Dc6—a6:, Dd7—d5! mit der Drohung durch Ta8 die Dame zu gewinnen, was Weiß nur mit Aufgabe des Bauern e5 parieren kann.

Dieser Angriff wäre also verfrüht und gäbe dem Schwarzen Gelegenheit durch Gegenangriff gleichzuziehen, vielleicht sogar in Vorteil zu kommen. Derartige Wendungen sind immer die Folge, wenn ein Angriff nicht mit der nötigen Überlegenheit, sei sie nun materiell oder dynamisch (stärkere Anzahl oder stärkere Wirkung der Figuren) unternommen wird.

15.	a2—a4!	....

Damit greift der Ta1 in den Kampf ein, wodurch Df3—c6† usw. ernstlich droht.

15.	....	Dd4—d5
16.	Df3—d5:	....

Bei Vermeidung des Damentausches gewänne Schwarz das Tempo zu Lf8—e7 und das würde zur Sicherstellung genügen.

16.	....	Td8—d5:
17.	a4—b5:	a6—b5:
18.	Ta1—a8†	Se6—d8

Er verwendet zur Verteidigung die schwächere Figur. Der Turm d5 bleibt draußen im Feld und muß die Verteidigung, welche auf rein passive Art nicht möglich ist, mit kleinen Gegenangriffen unterstützen.

19.	Sd2—e4!!	....

Sehr stark und genial. Durch das vorübergehende Bauernopfer gelangen die weißen Figuren zu gewaltiger Wirkung.

19.	....	Td5—e5:
20.	Tf1—d1	Lf8—e7
21.	f2—f3	....

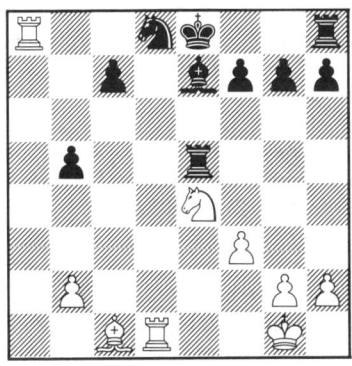

Nun droht Lc1—f4 nebst Lf4—c7:. Wie soll Schwarz dies decken?
Rochiert er, dann führt Weiß die Drohung aus und behält ein weit
überlegenes Spiel, eventuell mit Einschaltung des Zuges Td1—d7,
falls Schwarz nicht 22. .... Te5—e6 gezogen hat.

21.	....	Te5—f5!!

Zu diesem Zuge schreibt Dr. Tarrasch im Turnierbuch:

„Ein eigentümlicher, verblüffender Zug. Lasker behext seine
Gegner! Und nicht nur seine Gegner, sondern die gesamte Schachwelt. Capablanca und nach ihm die gesamte Schachwelt sah nicht,
daß Weiß hier mit 22. g2—g4, Tf5—f3: 23. Kg1—g2, Tf3—b3
24. Se4—c5, Tb3—b4 25. Sc5—b7 den Springer und damit vermut-
lich die Partie gewinnen konnte! Auch bei 22. .... Tf5—e5 (statt
Tf5—f3:) 23. Lc1—f4, Te5—e6 24. Lf4—c7: ist der Springer verloren. Capablanca sieht ganz andere tiefer liegende Kombinationen
und hier, bei diesem so einfachen Gewinnspiel versagt sein Genius!
Wie ist das zu erklären? Auf natürliche Weise sehr schwer. Er ist
der Suggestion erlegen, die Lasker mit dem verblüffenden Zug
Te5—f5, an dessen Stelle die Rochade objektiv besser war, auf ihn
ausgeübt hat und die gesamte Schachwelt mit ihm. Indem Lasker
ohne Scheu den Turm dem so naheliegenden Zug des g-Bauern aus-
setzte, hat er seinem Gegner bedeutet, daß dieser Angriff schlecht
séi und der Kubaner hat es ihm geglaubt."

Das zeigt, daß selbst große Geister dem tiefen Verständnis
Laskers für die Verteidigung nicht folgen können. Dort, wo die

direkte Verteidigung nicht mehr ausreicht, kann eben die Rettung
nur im Gegenangriff liegen. Lasker hielt offenbar die aus 21. ....
0—0 resultierende Stellung für kaum verteidigungsfähig. Das ist
einleuchtend, denn Schwarz steht dann bedeutend schlechter und
hat kein Gegenspiel. Außerdem war es für Lasker, wie schon an
früherer Stelle ausgeführt, immer ein Hauptproblem, nicht nur des
Gegners Züge, sondern vor allem des Gegners Willen zu bekämpfen.
Was war nur in vorliegender Stellung der Wille des Anziehenden? Aus
seinen Drohungen geht er hervor: Ohne jedes Wagnis, ohne dem
Gegner eine Chance zu geben, ein überlegenes Endspiel zu behaupten
und womöglich zum Siege zu führen. Was aber wäre eingetreten,
wenn er den Laskerschen Zug widerlegen und mit 22. g2—g4 usw.
auf Figurgewinn spielen wollte? Nun, dort wo Dr. Tarrasch die
Analyse abbricht, hätte Schwarz einfach rochiert und Sb7—d8: mit
Tb4—g4† beantwortet. Er hätte dann 3 Bauern für die Figur und
gute Aussichten, die zwei übrigbleibenden Bauern des Weißen einmal tauschen zu können. Ja, er hätte sogar Aussichten zu gewinnen,
wenn der Gegner seinerseits den Gewinn irgendwie forcieren wollte.
Ein Spiel auf Tod und Leben hätte begonnen, weitab von dem,
welches Weiß anstrebte.

Der Zug Te5—f5 erweist sich also als meisterhafte tiefe Parade,
welche die sehr gefährdete Partie rettet. Weiß bleibt zwar auch weiterhin im Vorteil, aber zum Gewinn langt es nicht.

| | 22. Ta8—c8 | .... |

Statt unter Tempogewinn muß jetzt der geopferte Bauer unter
Tempoverlust zurückgewonnen werden, denn Lc1—f4 ist pariert.

| | 22. .... | 0—0 |

c7—c5 wäre wegen der Antwort Tc8—d8† usw. ein großer Fehler.

23.	Tc8—c7:	Le7—b4
24.	Lc1—e3	Sd8—e6
25.	Tc7—d7	Tf8—c8

Nun hat Schwarz — das Fazit seines 21. Zuges — alle Kräfte
im Kampf.

| 26. | f'd1—d5 | Tf5—d5: |
| 27. | Td7—d5: | Tc8—c2! |

Bei passiver Verteidigung (Tc8—b8) müßte Schwarz schließlich
in entscheidenden Nachteil geraten.

Das folgende Opfer der zwei Figuren gegen den weißen Turm
mußte bereits hier berechnet sein.

| 28. | b2—b3 | Tc2—b2 |
| 29. | Td5—b5: | Tb2—b3: |

30. Le3—d2	....

Schwarz drohte mit Tb1† nebst Le1† die Qualität zu gewinnen. Dagegen setzt jetzt Weiß seinen im 14. Zug erlangten Vorteil in Materie um.

30.	Lb4—c5†!

Ein bekanntes und in ähnlichen Situationen fast immer richtiges Prinzip: Als materiell Schwächerer soll man in Endspielen trachten lieber mit einem Turm gegen zwei Figuren als mit Qualität weniger zu spielen.

31. Tb5—c5:	Se6—c5:
32. Se4—c5:	Tb3—b2

und die Partie wurde beim 101. Zuge Remis gegeben. Weiß konnte nicht gewinnen.

So wie im Endspiel oft eine große Überlegenheit vorkommt, die doch zum Gewinn nicht genügt (2 Springer gegen König, Läufer oder Springer gegen König usw.), so gibt es auch im Mittelspiel häufig deutliche Vorteile, die sich bei genauester Verteidigung nicht entscheidend vergrößern lassen. In Eröffnung oder Mittelspiel sind sie allerdings selten kondensierter materieller Natur.

Die Kenntnis jener Vorteile, welche im Endspiel zum Gewinn nicht ausreichen, ist längst Gemeingut auch schwacher Schachspieler geworden. Die Berechnung ist leicht, da nur eine geringe, Anzahl von Faktoren gegeben ist. Ganz anders verhält es sich mit den Vor- und Nachteilen in Eröffnung oder Mittelspiel. Eine exakte Berechnung ist mit Rücksicht auf die zahlreichen Faktoren, die progressiv gesteigerten Möglichkeiten geradezu ausgeschlossen. Da muß nun die Abschätzung helfen, das Gefühl, wie man es oft nennt, eigentlich aber das Resultat einer auf Grund von so und soviel allgemeinen Grundsätzen aufgestellten Wahrscheinlichkeitsrechnung. Gebräuchlich sind die Worte Positionsblick, Positionsurteil. Je mehr Prinzipien bei Errechnung des Wahrscheinlichkeitsgrades zu Rate gezogen wurden, desto besser wird das Resultat, das Positionsurteil, ausfallen.

Ein außerordentlich genaues Urteil, besonders dort, wo es sich um die Feststellung der Erträglichkeit von Nachteilen handelt, gehört zum Geheimnis Laskerscher Größe.

VIII. Zuviel des Guten

Eine Zusammenfassung:

Auf den von Tarrasch geebneten Wegen wuchs eine neue Meistergeneration heran. Zwar war Steinitz der Urheber des Verteidigungsspiels, aber er war eine zu eigenartige Persönlichkeit, seine Auffassungen waren vielfach zu subjektiv, zu sehr den eigenen Fähigkeiten angepaßt, um allgemeines Verständnis bzw. Nachahmung finden zu können. Erst Dr. Tarrasch hatte den Verteidigungsgedanken in Formen gekleidet, die der Allgemeinheit zugänglich waren. Seine Entwicklungsgrundsätze waren klar, leicht befolgbar und von einleuchtender Vorteilhaftigkeit. Sie bannten alle mögliche Gefahr, gaben daher Widerstandskraft und führten bei dem damaligen Stand der Schachspielkunst meistens dazu, daß sich der nach alten Grundsätzen kämpfende Gegner frühzeitig irgendwelche Blößen gab und unterlag. Es war ein Krieg moderner, planmäßig angewendeter Waffen gegen mit Pfeil und Bogen ausgerüstete führerlose Helden. Zivilisation gegen Naturmenschentum.

Während es bei Steinitz hauptsächlich der Sieg seiner Persönlichkeit war, der Bewunderung und Verehrung hervorrief, war es bei Tarrasch der Sieg seiner Methodik, der das Herz der Schachwelt eroberte. An dieser Methodik haben sich nach und nach viele und auch sehr bedeutende Meister herangebildet. Wie erwähnt Teichmann, Schlechter, Maróczy. Pillsbury und Marshall haben sich in ihren Aufmarschplänen an Tarrasch gehalten, den Kampf selbst aber möglichst im Geiste Morphys geführt. Sie haben den Angriff gesucht. Je mehr die Tarraschlehren sich verbreiteten, desto schwieriger gestaltete sich der Kampf der Meister untereinander. So lange nur einer da war, der die überlegenen Waffen führte, war es leicht. Als sich aber nach und nach wenigstens alle bedeutenderen Meister damit wappneten, gab es nicht mehr den ungleichen Kampf von Flinte gegen Bogen, sondern es donnerten Kanonen gegen Kanonen. Der Bewegungskrieg der Geister kam ins Stocken. Ein großes Sinnen begann. Zunächst ein Sinnen nur nach kleinen Verbesserungen, dann nach Verschärfungen (Pillsbury, Marshall), dann nach Umsturz (unsere Moderne).

Die überwiegende Mehrheit der Meisterwelt freilich blieb zunächst an Tarrasch hängen. Vergleicht man aber die Partien dieses Meisters mit denen seiner Schüler, so kann man einen deutlichen Unterschied feststellen: Dr. Tarrasch verteidigte sich durch allgemein vorsichtige, sorgfältige Spielführung, aber mit dem Zwecke, ungestört

Angriffe zu gestalten und durchführen zu können. Bei der folgenden, jüngeren Generation verkümmerte allmählich dieser Zweck. Ein übervorsichtiger, ein Überverteidigungsstil entwickelte sich, fand sehr viel Verbreitung und beherrschte besonders im ersten Dezennium unseres Jahrhunderts die Turniere ebenso wie heute der moderne Stil. Zwei Beispiele:

Schiffers   Schlechter

Nürnberg 1896

1.	e2—e4	e7—e5
2.	d2—d4	....

Dieser Zug ist ungenügend vorbereitet, die Eröffnung daher kraftlos.

2.	....	e5—d4:
3.	Dd1—d4:	Sb8—c6
4.	Dd4—e3	Sg8—f6

Dieser Zug ist ein verfrühter Angriff. Vielleicht hatte man sich damals auf die Bergersche Variante verlassen: 5. e5, Sg4 6. De4, d5 7. ed‡ e. p., Le6 8. dc:?, Dd1†! usw. mit Vorteil. Weiß kann aber viel besser 8. La6! spielen und nun ist Schwarz in Schwierigkeiten. Am besten ist 4. .... Lb4†, z. B. 5. Ld2, Ld2‡ 6. Sd2:, Sf6!, denn falls jetzt 7. e5, so 0—0! nebst eventuellem d6 usw.

5.	Lf1—e2	....

Soll e5 drohen. Aber der Zug ist wieder schwach. Schwarz erlangt das deutlich bessere Spiel.

5.	....	Dd8—e7
6.	Sb1—c3	d7—d5
7.	e4—d5:	Sc6—b4
8.	De3—e7‡	Lf8—e7:
9.	Le2—d3	Sf6—d5:

Durch die letzten zielbewußten Züge hatte Schwarz seinen Vorteil erheblich vergrößert. Der Textzug ist nicht so sehr für Schlechter, als für die Zeit typisch. Tarrasch sagt in der Anmerkung: „Ich würde Sb4—d3‡, Lc8—f5 und 0—0—0 vorziehen." Heute würde sich wohl kaum ein Meister finden, der nicht unbedenklich diese Fortsetzung gewählt hätte.

10.	Sc3—d5:	Sb4—d5:
11.	Sg1—f3	Sd5—b4
12.	0—0	Sb4—d3:
13.	c2—d3:	0—0

Schwarz steht noch immer besser. Er hat das Läuferpaar und das Angriffsobjekt auf d3. Mit Lf5! (falls Le6, so 14. Sd4) nebst 0—0—0 hatte er ein aussichtsvolles Spiel. Nun kann Weiß durch mehrfachen Abtausch ausgleichen.

14.	Lc1—f4	c7—c6
15.	Tf1—e1	Tf8—e8
16.	Lf4—d6!	Lc8—e6
17.	Ld6—e7:	Te8—e7:

Remis.

Weiß setzt am einfachsten mit Sd4 nebst Se6: fort.

Teichmann   Maróczy
(San Sebastian 1911)

1.	e2—e4	e7—e6
2.	d2—d4	d7—d5
3.	e4—d5:	e6—d5:
4.	Sg1—f3	Sg8—f6
5.	Lf1—d3	Lf8—d6
6.	0—0	0—0
7.	Lc1—g5	Lc8—g4
8.	Sb1—d2	Sb8—d7
9.	c2—c3	c7—c6
10.	Dd1—c2	Dd8—c7
11.	Tf1—e1	Ta8—e8
12.	h2—h3	Lg4—h5
13.	Te1—e8:	Tf8—e8:
14.	Ta1—e1	Lh5—g6
15.	Te1—e8†	Sf6—e8:

Remis

Eine solche Partie wäre entschuldbar, wenn es etwa für den einen der Spieler gegolten hätte, sich durch den halben Zähler den ersten Preis zu sichern.

Aber die Turniere jener Zeit wimmeln von derartigen Partien.

Hypertrophie des Verteidigungsgedankens, Absterben des Siegeswillens! Auch heute werden ja in den Turnieren viele Remisen geliefert. Aber es geht dem Ergebnis fast ausnahmslos ein Kampf voraus. Der Siegeswille spricht aus jedem Zuge, wenn er sich auch häufig nicht durchsetzen kann. Man muß, wenn man die heutige Zeit mit der Zeit vor 20 Jahren vergleicht, nicht die Turniertabellen, sondern die Partien selbst befragen.

IX. Das aggressive Prinzip

Der Stil unserer Zeit trachtet die Verteidigung von Anfang an auf ein ganz geringes Maß zu beschränken, am liebsten gänzlich zu umgehen.

Krystalle dieser Periode sind die Aljechinverteidigung und die Indische. Wir· haben sie bereits besprochen.

Der Anziehende ist heute mehr oder minder genötigt, von direkten Drohungen in der Eröffnung möglichst abzustehen. Er droht selten Königsangriff, er droht ein Zentrum zu errichten. Kaum hat er dieses Werk begonnen, trifft ihn der Angriff des Gegners und die Frage, welche Macht stärker sein werde, die aufbauende oder die zerstörende, diese Frage bildet das Problem von heute

Die verfeinerte Technik hat unser Auge geschärft. Wir können viel kleinere Schwächen oder Stärken ausnehmen als unsere Vorfahren.

Wir wissen, daß jedem Zuge Gutes und Schlechtes anhaftet. Kräfte werden dem Kampf zugeführt, Schwächen zurückgelassen. Das gilt vornehmlich von den Bauern, die doch nur vorwärts können.

Eigentlich nimmt also der Spieler, der in einer bestimmten Stellung am Zuge ist, unbedingt eine gewisse Schwächung auf sich. In der Mehrzahl der Fälle sind diese Schwächungen bedeutungslos, die erreichten Vorteile weit überwiegend. Das moderne Bestreben geht aber dahin, die aus jedem Bauernzug folgende organische Schwächung herauszufinden, greifbar zu machen. Drastisch: Weiß ist in Zugzwang! Kann vorläufig einen Springerzug machen, muß aber schließlich doch einen Bauer rühren. Muß sich irgendeine, wenn auch noch so mikroskopische, materielle oder ideelle Schwäche geben, auf die der Verteidiger (Angreifer!?) seine Kräfte konzentriert. Das agressive Prinzip arbeitet! Dem in Ehren grau gewordenen ,,Vorteil des Anzuges" beginnen zwei grüne Jungen Männchen zu machen: ,,Nachteil des Anzuges", ,,Vorteil des Nachzuges".

Der verstorbene Breyer, ein großer Denker der Neuromantik, hat einmal die Anfangsstellung als ,,sehr schwierig" bezeichnet. Sicherlich hat ihn die Erkenntnis dazu bewogen, daß schon der erste Zug unbedingt nicht nur Vor- sondern auch Nachteile zur Folge hat. Ein Standpunkt, dessen Erreichung um so rühmlicher ist, als damals weder die Aljechin-Verteidigung noch die Indische (als reguläre Eröffnung) bekannt war.

In der ersten der folgenden Partien wählt Schwarz eine ,,altertümliche" und ,,gedrückte" Verteidigung. Trotzdem leitet ihn ein aggressiver Gedanke: Indem er sein eigenes Zentrum rasch festigt, will er möglichst bald freie Hand zum Gegenangriff haben!

Teichmann   Nimzowitsch
(San Sebastian 1911)

1. e2—e4   e7—e5
2. Sg1—f3   d7—d6

Dieser Zug wird von Dr. Tarrasch unbedingt verworfen. Nicht nur in vorliegender Stellung, sondern überall dort, wo er vor Entwicklung des Königsläufers geschieht, also diese Figur beengt. Dr. Lasker hält den Zug für gut. Daraus sprechen zwei Welten. Der eine hat das Bestreben, seine Truppen sofort die volle Kraft entfalten zu lassen, der andere liebt es, möglichst viel Kräfte in Reserve zu halten, um sie erst im günstigen Augenblick einzusetzen. Der eine spielt gewissermaßen mit offenen Karten, der andere verdeckt, abwartend.

Gemäß dem, was wir über das Zentrum gesagt haben, ist der Zug keinesfalls schlecht.

3. d2—d4   Sg8—f6

Eine Verbesserung von Nimzowitsch. Dieser Gegenangriff, obwohl ganz ähnlich wie in der russischen Partie, ist hier nicht verfrüht. Warum? Weil das schwarze Zentrum bereits besser gedeckt ist als das gegnerische! Wir sehen hier dasselbe Mittel wie in der Steinitz-Verteidigung der Spanischen. Weiß muß e4 decken und zu diesem Zwecke einen für den Gegner vorläufig ungefährlichen Zug machen. Schwarz kommt dadurch rascher zur Rochade.

Übrigens könnte auch e5—d4: geschehen. Wenn auch Weiß dann die erheblich freiere Entwicklung erlangt, so hat Schwarz doch den festen Zentrumsstützpunkt d6 und wird im großen und ganzen dieselben Aussichten behalten wie in der zitierten Steinitz-Verteidigung.

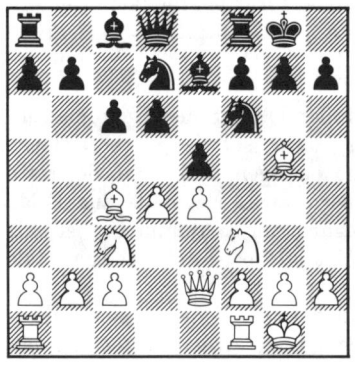

4. Sb1—c3   Sb8—d7
5. Lf1—c4   Lf8—e7
6. 0—0   0—0
7. Dd1—e2   c7—c6
8. Lc1—g5   ....

Ein sehr matter Zug, der höchstens eine Vereinfachungstendenz haben kann. Er kennzeichnet so recht den gemütlich gewordenen Kampfstil der damaligen Zeit: Möglichst freie, weit ausholende aber eigentlich ziemlich harmlose Entwicklung.

Es ist Nimzowitsch nicht hoch genug anzurechnen, daß er
es nach langem wieder als erster zustande gebracht hat, seine Gegner
zu tieferem Nachdenken zu zwingen! Besser Figuren gar nicht zu
entwickeln, besser mit ihnen Tempi verlieren als sie irgendwo hin-
zustellen, wo sie zwar frei aber ins Leere wirken.

Am besten hätte Weiß die Stellung mit a2—a4, h2—h3, Lc1—e3,
Ta1—d1, Sf3—h2 nebst f2—f4 aufgebaut (Aljechin—Marco,
Stockholm 1912).

8.	....	h7—h6!

Nun zeigt sich sofort, daß Weiß keine Ahnung hat, warum er
den Läufer nach g5 gespielt hatte.

9.	Lg5—h4	....

Auf Lg5—e3 kann Schwarz Sf6—g4 ziehen, jetzt aber bleibt f4
ungedeckt, was sofort ausgenützt wird.

9.	....	Sf6—h5!
10.	Lh4—g3	....

Überläßt dem Gegner das Läuferpaar; aber nach dem Läufer-
tausch auf e7, wäre die peinliche Schwächung g2—g3 notwendig.

10.	....	Sh5—g3:
11.	h2—g3:	b7—b5!

Nun kommt Schwarz allmählich zu gutem Angriff. Es rächt
sich sehr, daß Weiß im 8. Zuge statt der notwendigen Verteidigung
(Einschränkung!) a2—a4!, den planlosen Entwicklungszug Lg5 gemacht hat.

12.	Lc4—d3	....

Sonst käme der Läufer in Gefahr.

12.	....	a7—a6

Mit Rücksicht auf die Drohung d4—d5.

13.	a2—a4	Lc8—b7
14.	Ta1—d1	....

Er sollte lieber sofort d4—d5 ziehen und den folgenden Tausch
unterlassen. Gelegentlich hätte dann Schwarz mit der Deckung
von a6 Zeit verloren.

14.	....	Dd8—c7
15.	a4—b5:	a6—b5:
16.	g3—g4	....

Gegen eventuelles f7—f5 gerichtet.

16.	....	Tf8—e8
17.	d4—d5	b5—b4
18.	d5—c6:	Lb7—c6:

19. Sc3—b1   ....

Besser Sc3—d5.

19. ....   Sd7—c5
20. Sb1—d2   Dc7—c8
21. Ld3—c4   ....

Darauf wäre Dc8—g4: wegen Lc4—f7‡! usw. ein entscheidender Fehler.

21. ....   g7—g6
22. g2—g3   Kg8—g7
23. Sf3—h2   Le7—g5!
24. f2—f3   ....

Falls f2—f4 so e5—f4: nebst Lg5—f6 mit Bauerngewinn.

24. ....   Dc8—c7
25. Tf1—e1   Te8—h8
26. Sd2—f1   h6—h5
27. g4—h5:   Th8—h5:
28. Lc4—d5   Ta8—h8
29. Ld5—c6:   ....

Besser sofort De2—c4 um den feindlichen Springer nicht nach e6 zu lassen.

29. ....   Dc7—c6:
30. De2—c4   Dc7—b6
31. Kg1—g2   Sc5—e6!

Danach liegt das doppelte Qualitätsopfer auf h2 nebst Db6—f2† in der Luft. Zwar droht es in diesem Moment bloß Remis, wenn Weiß mit dem König nach h1 ausweicht und nicht nach h3, wo er problematisch matt werden würde: 35. .... Lg5—f4! 36. g3—f4:, Se6—f4‡ 37. Kh3—g4, Df2—g2† nebst g6—g5‡. Weiß deckt aber sofort.

32. Te1—e2   Se6—d4
33. Te2—e1   Db6—b7!

Droht Th8—c8 usw., wogegen es keine genügende Deckung gibt. Weiß opfert also die Qualität, was jedoch die Niederlage bloß verzögert.

34. Td1—d4:   e5—d4:

Und Schwarz gewann.

Grünfeld   Réti
(Pistyan 1922)

1. d2—d4   Sg8—f6
2. c2—c4   d7—d6
3. Sg1—f3   Lc8—f5

4. Sb1—c3	h7—h6
5. g2—g3	c7—c6
6. Lf1—g2	Dd8—c8
7. h2—h3	Sb8—d7

Eine frühindische Variante. Der Grundgedanke, Angriff auf das weiße Zentrum, ist bereits klar, seine Ausführung aber noch nicht in fester Form. Schwarz hat sich noch nicht entschieden ob er das Schwergewicht des Kampfes nach d4 oder e4 verlegen will. Er will nur vor allem die weißen Mittelbauern vorlocken. Der Kampf gegen beide Zentrumspunkte des Anziehenden hat aber bei richtigem Gegenspiel kaum Aussicht auf Erfolg. Weiß konnte jetzt unter Zurückhaltung des e-Bauern mit 8. d4—d5 einen starken Druck in der Mitte erlangen und sowohl d4 als auch e4 in seiner Gewalt behalten. Statt dessen trachtet er nach alten Prinzipien ein zahlenmäßig möglichst starkes Zentrum zu errichten und kommt in Nachteil. Der schwarze Angriff findet reichlich Anhaltspunkte.

| 8. Sf3—d2 | e7—e5 |

Damit beginnt der Angriff, zunächst gegen d4.

9. d4—d5	Lf8—e7
10. e2—e4	Lf5—h7
11. Dd1—e2	0—0
12. Sd2—f1	c6—d5:
13. c4—d5:	Sd7—c5

Der Angriff gegen d4 wurde mit Erfolg beendet, da Weiß zur Festlegung seiner Bauernmitte veranlaßt wurde. Nun hat der Angriff gegen diese festgelegten Bauern mit dem Schlüsselpunkt e4 begonnen.

| 14. g3—g4 | .... |

Um sich durch Besitznahme des Punktes f5 eine Angriffsbasis zu schaffen. Aber Schwarz kommt schneller, da seine Angriffsziele näher liegen.

| 14. .... | b7—b5! |

Wird dieser Bauer geschlagen, so fällt e4, der mit soviel Mühe vertriebene Läufer h7 wird glänzend befreit, d5 isoliert und schwach — Schwarz kommt zu starker Überlegenheit. Bleibt also nichts anderes übrig als e4 zu behaupten und den auf f5 basierenden Plan fortzusetzen.

| 15. Sf1—g3 | b5—b4 |

Unterdessen setzt Schwarz den Angriff auf e4 schärfstens fort. Weiß wird zurückgedrängt und hat augenblicklich eine schlechte, in ihrer Wirksamkeit bloß auf die Verteidigung des Zentrums gerichtete Figurenstellung, verbarrikadierte Türme, einen ungesicherten

König — genug um die Stellung für einen gewaltsamen Durchbruch reif zu machen.

16. Sc3—d1   ....

16. ....   Sf6—d5:!!

Nur scheinbar ein Opfer, denn die Figur wird bald zurückgewonnen. Um sich noch einigermaßen zu verteidigen, gab es jetzt nichts Besseres als 17. 0—0. Auf den folgenden Zug setzt es eine rasche Zertrümmerung ab.

17. e4—d5:?   Sc5—d3†
18. Ke1—d2   Sd3—f4!

Die Pointe der Kombination! Schwarz gewinnt die Figur zurück.

19. De2—f3   Dc8—c2†
20. Kd2—e1   Sf4—d3†
21. Ke1—f1   Sd3—c1:
22. Sg3—f5   Le7—g5!

Drohend e5—e4!

23. Ta1—c1:   Lg5—c1:
24. Sd1—e3   Lc1—e3:
25. f2—e3:   Lh7—f5:
26. g4—f5:   Dc2—b2:
Weiß gab auf.

Vom 8. Zuge an hat Schwarz die Partie mit vorbildlicher Prinzipienreinheit geführt.

Aus demselben Turnier:

Aljechin   Réti

1. d2—d4   Sg8—f6
2. c2—c4   d7—d6

3. Sg1—f3	Sb8—d7
4. Sb1—c3	e7—e5
5. g2—g3	g7—g6
6. Lf1—g2	Lf8—g7
7. 0—0	0—0
8. Dd1—c2?	....

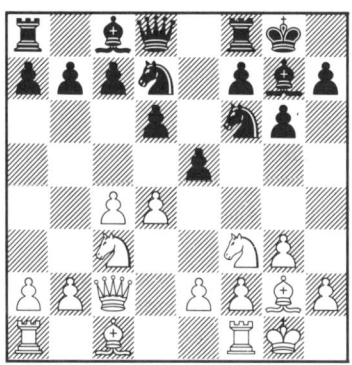

Weiß hat hier die Eröffnung bescheidener behandelt als in der vorigen Partie und hatte deshalb gute Aussichten, seine größere Terrainfreiheit günstig zu verwerten. Der letzte Zug ist jedoch ein Positionsfehler, der dem Gegner sofort Gelegenheit gibt, den Angriffsgedanken der Verteidigung in die Tat umzusetzen.

Weiß hätte den Punkt d4 nicht aufgeben, sondern sich etwa mit 8. b2—b3 weiter entwickeln sollen.

| 8. .... | e5—d4:! |
| 9. Sf3—d4: | .... |

Die ungeschützte Stellung dieses Springers ist nun für Weiß augenblicklich unbequem und zwingt zu Vorsicht. Klugerweise hält Schwarz diese latente Gefahr aufrecht.

| 9. .... | Sd7—b6! |

Nun kann Weiß den Bauer c4 und den Punkt d5 nicht gleichzeitig decken, so daß Schwarz im Zentrum gleichziehen kann.

| 10. Dc2—d3 | .... |

10. b2—b3 wäre jetzt eben wegen der gefährdeten Lage des Springers d4 bedenklich. Weiß hätte dann auf der Diagonale des Läufers g7 zu viel schutzbedürftige Punkte.

| 10. .... | d6—d5! |

Schwarz hat den Angriff, und daß dieser doch zu keinem direkten Vorteil führt, dankt Weiß dem Gedanken der Selbstverteidigung, den er in seinen ersten 7 Zügen verfolgte. Er gab sich keine organische Blöße, wie es z. B. Weiß in der vorigen Partie tat.

11.	c4—d5:	Sb6—d5:
12.	Sc3—d5:	Sf6—d5:
13.	Tf1—d1	c7—c6
14.	e2—e4	Sd5—b4
15.	Dd3—c4	Lc8—g4
16.	f2—f3	. . . .

Auf 16. Td1—d2 folgt Dd8—e7 und Weiß hat Entwicklungsschwierigkeiten.

16.	. . . .	Sb4—c2!
17.	Dc4—c2:	Lg7—d4†
18.	Kg1—h1	Lg4—e6
19.	Lc1—e3	c6—c5
20.	Le3—d4:	. . . .

Dabei gewinnt Weiß einen Bauer. Aber Schwarz behält den Angriff und der Gegner kann trotzdem nur mit Mühe Nachteil abwenden.

20.	. . . .	c5—d4:
21.	Dc2—f2	Ta8—c8
22.	Td1—d4:	Tc8—c2!
23.	Df2—c2:	Dd8—d4:
24.	Ta1—d1	Dd4—e3
25.	Dc2—c1	Dc3—c1:
26.	Td1—c1:	Tf8—d8
27.	Lg2—f1	Td8—d2
28.	b2—b4	Td2—a2:
29.	b4—b5	. . . .

Remis.

Diese zwei Indischen weisen in ihrer Struktur eine merkliche Ähnlichkeit mit dem vorangegangenen französischen Springerspiel auf. Es verbindet sie ein Grundgedanke: rasch ein kleines aber festes Zentrum zu errichten, um dieses als Aktivitätsbasis gegen das anscheinend stärkere Zentrum des Weißen zu benützen.

Bogoljubow   Aljechin
(Karlsbad 1923)

1.	e2—e4	Sg8—f6

Schwarz eröffnet den Angriff. Die Idee der offensiven Verteidigung, das Problem der Modernen, wird in dieser Partie bis zum äußersten durchgeführt. Da Weiß dem feindlichen Angriff ebenfalls

mit Angriff entgegenarbeitet, schwebt die Partie lange Zeit zwischen
Himmel und Erde, bis endlich die größere ·Konsequenz des Nachziehenden entscheidet.

2.	Sb1—c3	d7 d5
3.	e4—e5	. . . .

Stellt dem Gegner anheim in eine Variante der Französischen
einzulenken, in der erfahrungsgemäß die besseren Chancen auf Seite
des Nachziehenden sind.

3.	. . . .	Sf6—d7
4.	d2—d4	c7—c5

Dem aber ist dies zu wenig. Er setzt seinen Angriff noch schärfer
fort.

5.	Lf1—b5	Sb8—c6
6.	Sg1—f3	a7—a6

Jetzt war e7—e6 wegen der dann ungünstigen Stellung des
weißen Königsläufers direkt vorteilhaft. Der Textzug ist schon
allzu scharf. Er zwingt zwar den Läufer zu sofortiger Erklärung, räumt aber dem Gegner die Möglichkeit ein, mit dem
nachfolgenden Bauernopfer einen sehr chancenreichen Angriff zu
eröffnen.

7.	Lb5—c6:	b7—c6:
8.	e5—e6!	. . . .

Damit wird die schwarze Entwicklung auf eine Zeit gesperrt
und Weiß, der eben noch vor der Gefahr stand, sich in einer frag-
würdigen Variante verteidigen zu müssen, erlangt aussichtsvolles
Angriffsspiel.

8.	. . . .	f7—e6:
9.	0—0	e6—e5

Aljechin will nicht warten, er will möglichst rasch seinen
Angriff fortsetzen. Dazu kann er die Einengung nicht brauchen.
Er gibt den Bauer sofort zurück, sich gewaltsam Raum schaffend.
Nun aber wird e5 eine starke Stütze des weißen Angriffs.

Man sieht, wie das beiderseitige, namentlich aber das schwarze
Angriffsspiel immer wieder auch dem Gegner neue Aussichten gibt.

An der Textstelle kam auch g7--g6 in Betracht.

10..	d4—e5:	e7—e6
11.	Sf3—g5	Dd8—e7

Ungünstig wäre Sd7—e5:, worauf Weiß den Bauer mühelos
zurückgewinnen und auf der offenen e-Linie einen sehr starken Angriff
erhalten würde. In ähnlichen Stellungen endet die Öffnung des
Spieles für den schlechter Entwickelten fast immer letal. Weiß
hätte nun seinerseits trachten müssen, das Spiel unter allen Umständen
doch zu öffnen.

12.	f2—f4	g7—g6
13.	Dd1—g4	....

Bessere Aussichten bot 13. f4—f5 z. B. e6—f5: 14. Sc3—d5:, c6—d5: 15. Dd1—d5: und Weiß gewinnt die Figur zurück. Denn auf Ta8—b8 oder a7 folgt c5—e6 nebst Dd5—c6† bzw., falls der Springer nach b8 zurückgewichen ist, Dd5—e5. Der Vorteil von Weiß wäre dann beträchtlich.

13.	....	Sd7—b6
14.	b2—b3	c5—c4!

Er macht von seiner Stärke, der Überlegenheit auf dem Damenflügel, ausgiebigsten Gebrauch. Sein Spiel, einmal mit größter Schärfe begonnen, läßt sich nur in diesem Tempo fortsetzen. Der gefahrdrohende Vormarsch der schwarzen Bauern ist das einzige Mittel für den weißen Angriff ein Gegengewicht zu schaffen.

15.	Lc1—e3	c6—c5
16.	Le3—f2	....

Und Weiß läßt sich irremachen. Er scheut vor den heranrückenden schwarzen Bauern zurück, statt mit 16. b3—b4! eine Öffnung des Spieles zu erzwingen. Falls darauf c5—b4: so 17. Sc3—e4!, d5—e4: 18. Le3—b6: mit starkem Angriff gegen die feindliche Stellung, welche nur auf Angriff, nicht aber auf Verteidigung eingerichtet ist. 16. .... d5—d4 scheitert übrigens an 17. b4—c5:, De7—c5: 18. Sc3—e4 usw.

16.	....	h7—h6
17.	Sg5—f3	....

Danach bekommt Schwarz endgültig die Oberhand. Noch einmal konnte jetzt Weiß den aussichtsvollen Versuch machen, die feindliche Stellung zu durchbrechen. Er konnte den Springer nach e4 zurückziehen. Mit diesem Opfer wäre Schwarz vor die schwere Aufgabe gestellt worden, die Verteidigungskraft seiner Stellung zu beweisen. Der geschehene Zug läßt ihm Zeit, zwischen seinen vorgeschobenen Bauern, welche vortrefflich für den Angriff, aber sehr schlecht für die Verteidigung postiert sind, und den noch unentwickelten Figuren, die nötige Verbindung herzustellen. Sein Angriff bekommt dadurch das nötige harmonische Gefüge und konnte in der Tat langsam durchdringen.

X. Die Verteidigung im Angriff

Wenig Pflichten gibt es, die der Schachspieler so häufig und so gerne verletzt als gerade diese. Starke Amateure trennt von den Meistern hauptsächlich nur das eine: Sie greifen zu unbekümmert an. Derselbe Unterschied besteht zwischen der Schar guter Internationaler und den wenigen ganz Großen.

Wieso das kommt?

Weil der schwächere Spieler der schwächere Techniker ist, das Auge — meist sogar durch eigene Schuld! — für mikroskopische Feinheiten nicht geschult hat, nur größere Ziele sieht, liebt und der Mühe wert hält. Es ergeht ihm nach dem Sprichwort: Wer hoch steigt, wird tief · fallen.

Bei Lasker und Capablanca kann man beobachten, daß sie in der Eröffnung nur nach festen, verteidigungsfähigen Vorteilen ausspähen, mögen diese noch so klein sein. Gegen sogenannte „Widerlegungen" sind sie zumeist skeptisch. Interessant ist folgender Fall:

Die Mac-Cutcheon-Variante der Französischen galt als widerlegt. Eine Analyse von Maróczy, also einem erfahrenen, gründlich denkenden Großmeister, lieferte klipp und klar den Beweis. Im Turnier von New York kamen sowohl Lasker als auch Capablanca in die Lage, gegen die Mac-Cutcheon-Variante anzukämpfen. Es fiel keinem von beiden ein, sich der „Widerlegung" zu bedienen. Sie wählten einfache klare Wege, nahmen nicht die geringste Kompromittierung auf sich. Man kann einwenden: Wahrscheinlich hat jeder von beiden die Analyse überprüft und Fehler entdeckt. Das war nicht der Fall. Sie haben lediglich in der Überzeugung gehandelt, daß eine weite Analyse die Grenzen der menschlichen Berechnungsfähigkeit übersteigt. Sie haben grundsätzlich gezweifelt. Sie haben nicht vergessen, daß die so frühzeitige Konzentrierung von Kräften auf ein bestimmtes Ziel andere Frontabschnitte entblößen muß. Dies besonders, nachdem keiner der Züge, welche die Mac-Cutcheon-Variante bilden, als grober, einen Widerlegungsversuch rechtfertigender Fehler bezeichnet werden kann.

Die Annahme, daß Lasker und Capablanca nicht speziell, sondern nur prinzipiell an der Widerlegung jener Variante gezweifelt haben, läßt sich bei letzterem sogar dokumentarisch nachweisen.

Im Moskauer Turnier hatte Capablanca anfangs Mißgeschick gehabt und setzte nun alles daran aufzuholen. Da traf er mit Torre zusammen, der sich mit MacCutcheon verteidigte. Capablanca, etwas ungeduldig geworden, ließ seine prinzipiellen Bedenken fallen und akzeptierte das Widerlegungsrezept.

Torre machte einen einfachen Zug, wodurch er sich die Möglichkeit eines Tempogewinnes durch Schachgebot reservierte und bekam eine gute, konnte sogar die überlegene Partie bekommen, wenn er richtig fortgesetzt hätte.

Nur der verteidigungsfähige Vorteil ist wahr und erstrebenswert! Seine Größe hängt von der Größe gegnerischer Fehler ab. Dementsprechend kann der Tempovorteil aus einer korrekten Eröffnung naturgemäß nur ganz gering sein.

Einige Illustrationen.

Maróczy   Tartakower

(Teplitz-Schönau 1922.)

	Maróczy	Tartakower
1.	d2—d4	e7—e6
2.	c2—c4	f7—f5
3.	Sb1—c3	Sg8—f6
4.	a2—a3	Lf8—e7
5.	e2—e3	0—0
6.	Lf1—d3	d7—d5
7.	Sg1—f3	c7—c6
8.	0—0	Sf6—e4
9.	Dd1—c2	Le7—d6
10.	b2—b3	Sb8—d7
11.	Lc1—b2	Tf8—f6
12.	Tf1—e1?	....

Die Stellung ist ungefähr bekannt, eine Stonewallverteidigung. Weiß steht etwas günstiger und konnte seine Chancen in einem Einengungsspiel auf dem Damenflügel suchen. Dazu war notwendig, daß er zunächst jenen schwarzen Figuren Aufmerksamkeit schenkte, die augenblicklich vorzüglich postiert sind. Diese Figuren, es sind fünf, nämlich Dame, Königsturm, Königsläufer und die beiden Springer, bilden eine starke Macht und können im Angriff sehr gefährlich werden. Bisher hatte Weiß den feindlichen Aufmarsch gar nicht beachtet und mehrmals Gelegenheiten vernachlässigt, der heranrückenden feindlichen Macht, ein Veto entgegenzurufen. Nämlich mit dem Zuge Sf3—e5! Der war auch jetzt noch möglich, wie Grünfeld nachgewiesen hat. Nach dem geschehenen Zug stehen alle weißen Figuren für den Angriff, für eine mit f2—f3 nebst e3—e4 erhoffte Öffnung des Spieles vortrefflich, dagegen für die Verteidigung des bedrohten Königsflügels elend. Der leichtfertigen Außerachtlassung des Verteidigungsgedankens, folgt nun ein fürchterliches Strafgericht. Es tritt der lehrreiche Fall ein, daß der eine Teil, obwohl nach älteren Begriffen viel besser entwickelt (die Begriffe „entwickelt" und „gezogen" wurden früher in bezug auf die Figuren häufig identifiziert) einer angreifenden Minderheit gegenüber völlig wehrlos ist, da die „entwickelten" Figuren ihre Angriffsfunktionen noch nicht übernehmen konnten, zur Verteidigung jedoch vollkommen ungeeignet postiert sind. Schwarz erlangt entscheidenden Angriff, den er überaus glänzend durchführt.

12.	....	Tf6—h6
13.	g2—g3	Dd8—f6
14.	Ld3—f1	g7—g5
15.	Ta1—d1	g5—g4
16.	Sc3—e4:	f5—e4:
17.	Sf3—d2	Th6—h2:!!

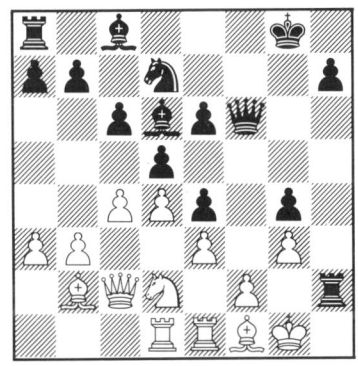

Ein wunderbares korrektes Opfer, welches fast wie Hohn wirkt.

Obwohl Weiß in der Folge sich bestmöglichst verteidigt, bleibt er doch gegen den feindlichen Ansturm machtlos.

In der Angriffsführung Dr. Tartakowers entzücken besonders die vielen ruhigen Züge. Das Opfer war auf „Position" gebracht. Während Schwarz seine noch unentwickelten Figuren gemütlich heranholt, hat Weiß keine Möglichkeit, die im Zentrum und auf dem Damenflügel angesammelten Figuren rechtzeitig auf den bedrohten Flügel zu werfen. Die Partie illustriert glänzend, daß blinde Entwicklung schlechter ist, als gar keine Entwicklung. Eine Entwicklung, die nur Angriffszwecken und nicht der Verteidigung, beziehungsweise umgekehrt, dient, ist ungenügend.

18. Kg1—h2:	Df6—f2‡
19. Kh2—h1!	Sd7—f6!
20. Te1—e2	Df2—g3:
21. Sd2—b1	Sf6—h5
22. Dc2—d2	Lc8—d7!
23. Te2—f2	Dg3—h4†
24. Kh1—g1	Ld6—g3!
25. Lb2—c3	Lg3—f2‡
26. Dd2—f2:	g4—g3
27. Df2—g2	Ta8—f8
28. Lc3—e1	Tf8—f1‡!!
29. Kg1—f1:	e6—e5
30. Kf1—g1	Ld7—g4
31. Le1—g3:	Sh5—g3:
32. Td1—e1	Sg3—f5
33. Dg2—f2	Dh4—g5
34. d4—e5:	Lg4—f3†
35. Kg1—f1	Sf5—g3†

Weiß gab auf.

Den Angriff des Schwarzen näher zu untersuchen, hätte uns zu weit abseits gebracht.

Partien von solch strahlendem Glanz sind überaus selten. Früher, als der Verteidigungsgedanke noch ebenso unbeliebt als unentwickelt war, wurden zwar häufiger Glanzpartien geliefert, aber auch damals bestand der Glanz fast immer in einer schönen Kombination, in einigen wohlberechneten Zügen. Partien wie die vorliegende, waren immer eine ganz besondere Rarität. Sind bei unserer hoch entwickelten Verteidigungskunst schon effektvolle Kombinationen selten möglich, so ist ein so schweres Positionsopfer wie dieses unter Meistern heutzutage fast ausgeschlossen.

Ähnlich wie diese, deckt auch die nächstfolgende Partie die Mängel der automatischen (bei „normaler" Entwicklung von selbst einsetzenden) Verteidigung auf.

Becker   Spielmann

(Trebitschturnier Wien 1926)

1. d2—d4	d7—d5
2. Sg1—f3	Sg8—f6
3. c2—c4	c7—c6
4. e2—e3	Lc8—f5
5. Sb1—d2	e7—e6

6.	Lf1—e2	Lf8—d6
7.	c4—c5	....

Mehr als Ausgleich ist mit dieser Spielweise nicht zu erzielen.

7.	...	Ld6—c7
8.	b2—b4	Sb8—d7
9.	Lc1—b2	Dd8—e7
10.	0—0	e6—e5
11.	d4—e5:	Sd7—e5:
12.	Sf3—d4	Lf5—d7
13.	Dd1—c2	Se5—g4

Mit diesem und dem folgenden Zuge wird Sd4—f5 verhindert.

14.	h2—h3	Sg4—h6
15.	Le2—d3	0—0
16.	Tf1—e1	....

Etwas besser war Ta1—e1.

Weiß verläßt sich ähnlich wie in der vorigen Partie zu sehr auf seine entwickelten Figuren und deren automatische Verteidigungskraft. Er vernachlässigt dabei seinen Königsflügel und provoziert sogar das folgende Opferspiel des Gegners.

16.	....	Tf8—e8
17.	Dc2—c3	....

Danach wäre Sf6—e4 wegen 18. Ld3—e4:, nebst Sd4—c6: ein entscheidender Fehler.

17.	....	De7—e5!
18.	f2—f4	....

Damit wird die mangelhaft gestützte Königsstellung noch organisch geschwächt, was sich als verhängnisvoll erweist. Es sollte Sd2—f3 geschehen, wobei sich die Spiele ausgeglichen hätten.

Weiß will einen Eröffnungsvorteil festhalten. Den hat er aber durch seine zu hochfliegenden Pläne (beabsichtigte völlige Einengung des Gegners durch 7. c4—c5) verwirkt. Er glaubt, daß sich eine voll entwickelte Stellung von selbst verteidigt und formiert mit allen Kräften einen zukünftigen Angriff.

Wer aber von einer Eröffnung zu viel verlangt, dem wird sie gar nichts geben! Wenn beide Teile gut spielen, wird der Anziehende meistens vermöge des Anzugstempos etwas Vorteil erlangen. Er wird den Vorteil um so länger behaupten, je mehr Kräfte er sich zu dessen Festhaltung reserviert hat. Darunter sind vor allem jene Kräfte zu verstehen, welche in Bereitschaft sein müssen, feindliche Gegenaktionen im Keime zu ersticken.

18.	....	De5—h5
19.	Sd4—f3	....

Sieht sehr stark aus. Die schwarze Dame steht gefährdet und kann nur durch ein Opfer befreit werden. Dieses Opfer schien dem Weißen ungefährlich und nur ein Verzweiflungsakt. Denn es kann anscheinend höchstens dazu führen, daß eine voll entwickelte Stellung mit drei bis vier Figuren angegriffen wird. Der Fehler in diesem Kalkül zeigt sich aber bald.

19.	....	Ld7—h3:!
20.	g2—h3:	Dh5—h3:
21.	Te1—e2	....

Nach 21. Ld3—f1, Dh3—g3† 22. Lf1—g2, Sh6—g4 23. Sd2—f1, Dg3—f2† 24. Kg1—h1, Sf6—h5 stünde Weiß ganz geknebelt und müßte einer weiteren Verstärkung des schwarzen Angriffes tatenlos zusehen.

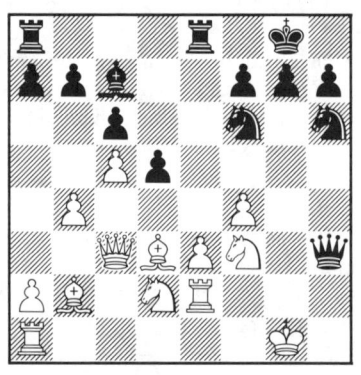

21.	....	Lc7—f4:!!

Sehr überraschend und glänzend.

22.	e3—f4:	....

Danach ist Weiß hilflos verloren. Aussichten auf Rettung bot nur Dc3—d4. Allerdings hätte Schwarz dann bereits drei Bauern für die Figur, Chancen noch einen vierten, den Bauer e3, zu bekommen und außerdem Angriff, somit ein günstiges Spiel. Nun tritt genau wie in der vorigen Partie der Fall ein, daß Weiß materiell bedeutend stärker ist, eine vollkommene Entwicklung besitzt, und doch keine Möglichkeit hat, sich genügend zu verteidigen.

Viel wichtiger als die Stärke und Zahl der entwickelten Figuren ist die Stärke ihrer Wirkung!

22.	....	Te8—e2:
23.	Ld3—e2:	Dh3—g3†
24.	Kg1—h1	....

Auch Kg1—f1 wäre vergebens, denn es folgt Sh6—g4 nebst eventuell Ta8—e8 und Sg4—e3† usw.

24.	....	Sh6—g4
25.	Ta1—f1	Dg3—h3†
26.	Kh1—g1	Dh3—g3†
27.	Kg1—h1	Ta8—e8
28.	Dc3—d3	....

Es geht weder Le2—d3, noch Le2—d1, denn darauf gewinnt Schwarz mit Te8—e1!

28.	....	Dg3—h3†

Zeitnot. Sf6—h5, drohend Dg3—h3† nebst Sh5—g3 hätte sofort gewonnen. Dasselbe war auch mit Te8—e6, drohend Sf6—e4 usw. zu erreichen.

29.	Kh1—g1	Dh3—g3†
30.	Kg1—h1	Dg3—h3†
31.	Kh1—g1	Sg4—e3

Verzögert den Ausgang. Aber die Herbeiführung der vorhin angegebenen Stellung würde jetzt Remisschluß durch Zugwiederholung zur Folge haben. 31. .... Sf6—h5 scheitert an 32. Dd3—h7‡! usw.

32.	Sf3—e1	Dh3—g3†
33.	Kg1—h1	Dg3—h3†
34.	Kh1—g1	Dh3—g3†
35.	Kg1—h1	Se3—f1:
36.	Le2—f1:	Te8—e3:
37.	Dd3—f5	Te3—e1:
38.	Lb2—e5	Dh4—g4!
39.	Df5—g4:	Sf6—g4:
40.	Kh1—g2	Te1—d1!

Aufgegeben. Die Drohung d5—d4 erzwingt Figurgewinn.

Spielmann — Tartakower
(Sechsmeisterturnier, Kopenhagen 1923.)

1	e2—e4	c7—c6
2.	d2—d4	d7—d5
3.	e4—d5:	c6—d5:
4.	c2—c3	Sb8—c6
5.	Lc1—f4	Sg8—f6

6.	Sb1—d2	g7—g6
7.	Sg1—f3	Lf8—g7
8.	h2—h3	Sf6—e4
9.	Sd2—e4:	....

Das System des Weißen wird in neuerer Zeit favorisiert, die Fianchettierung des schwarzen Königsläufers ist eine Idee Dr. Tartakowers.

Der Abtausch ist ein verfrühter Widerlegungsversuch. Zunächst ruhige Entwicklung mit Lf1—d3, 0—0, Sf3—e5 usw. war am Platze. Weiß hätte dann einen kleinen Eröffnungsvorteil behauptet. Jetzt hingegen wird die Stellung überaus kompliziert. Statt ruhig vorwärts zu schreiten, stürzt sich Weiß in ein wildes Getümmel. Er läßt im Angriff den Verteidigungsgedanken außer acht, überschätzt die eigene Stellung, unterschätzt die feindliche und sieht sich plötzlich wie von rätselhaften Kräften besiegt.

9.	....	d5—e4:
10.	Sf3—d2	f7—f5
11.	Lf1—c4	....

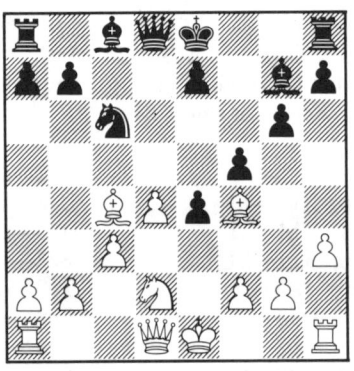

Von verschiedenen Analytikern wurde hier Dd1—b3 als besser empfohlen. Eine Untersuchung der Stellung ergibt jedoch, daß sich Schwarz auch dann gut behaupten kann. Weiß erreicht nichts Bestimmtes. Der eigentliche Fehler ist eben im 9. Zuge geschehen. Dort hat sich Weiß auf die schiefe Bahn begeben. Und während nun seine Stellung anscheinend Zug um Zug überlegener wird, verschwendet er seine Energie in einem Angriff, der erfolglos bleibt, da der feindliche König mitten im feindlichen Feuer furchtlos entweicht. „Napoleons Zug nach Rußland" wäre ein geeigneter Titel für diese Partie.

11.	....	e7—e5!

Löst den Doppelbauer auf und hält sein Spiel von organischen
Schwächen rein. Daß der König nicht zur Rochade kommt, ist viel
belangloser.

12.	d4—e5:	Sc6—e5:
13.	Lf4—e5:	....

Notwendig, um sowohl den schwachen Punkt d3 zu entlasten, als
auch für den einmal begonnenen Angriff die nötige Zeit zu gewinnen.

13.	....	Lg7—e5:
14.	Dd1—b3	Dd8—b6!
15.	Lc4—b5†	....

Im Endspiel stünde Schwarz wegen seines Läuferpaares, der
schönen Turmlinien und der drohenden Bauernkette auf dem Königsflügel sehr überlegen.

15.	....	Ke8—e7
16.	Sd2—c4	Db6—c5
17.	Sc4—e5:	Dc5—e5:
18.	0—0—0	Lc8—e6
19.	Lb5—c4	Le6—c4:
20.	Db3—c4:	Th8—d8
21.	Dc4—b4†	Ke7—f6
22.	Db4—b7:	De5—f4†!
23.	Kc1—b1	Df4—f2:

Schwarz greift mutig zu, er hat richtig erkannt, daß der feindliche
Angriff nur ein scheinbarer ist. Der Freibauer e4 wird eine unheil-
dräuende Macht.

24.	Db7—c6†	Kf6—g5
25.	h3—h4†	Kg5—g4!
26.	Td1—f1	....

Sonst könnte Schwarz mit gelegentlichem Turmtausch alle
Gefahren abwenden.

26.	....	Df2—b6!

Strebt dem Endspiele zu, welches für ihn klar gewonnen wäre
und erobert daher ein Tempo, da Weiß ausweichen muß.

27.	Dc6—c4	Td8—d2!

Utile cum dulci!

28.	b2—b4	Db6—e3

Droht Damentausch; aber sofort Td2—g2: war einfacher.

29.	Th1—h3	De3—b6
30.	Th3—f3	Td2—g2:

Dies kann ruhig geschehen, obwohl der schwarze König fürs
Auge höchst gefährlich steht. Der Zug raubt nicht nur einen Bauer,
sondern nimmt auch den Punkten f3 und h3 die Bauerndeckung.

31.	Tf3—f4†	Kg4—g3
32.	Dc4—d5	Ta8—c8
33.	Dd5—d7	Db6—a6!

Aufgegeben.

An dieser Partie hätte Steinitz seine helle Freude gehabt.

Dr. Lasker   Tartakower
(Mährisch Ostrau 1923)

1.	e2—e4	c7—c6
2.	d2—d4	d7—d5
3.	e4—d5:	c6—d5:
4.	Lf1—d3	Sb8—c6
5.	c2—c3	Sg8—f6
6.	Lc1—f4	g7—g6
7.	h2—h3	Lf8—g7
8.	Sg1—f3	Sf6—e4

Also derselbe Entwicklungsplan wie in der vorigen Partie. Es ist lehrreich zu vergleichen, wie ruhig und bedachtsam Lasker diese Stellung behandelt, in welcher Spielmann glaubte, bereits auf entscheidenden Angriff spielen zu können.

9.	Sb1—d2	f7—f5
10.	0—0	0—0
11.	Sf3—e5	. . . .

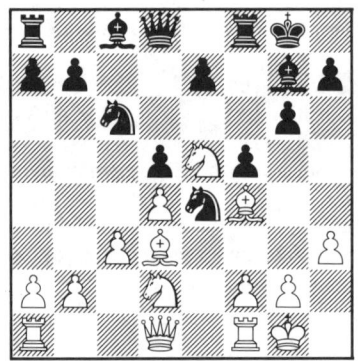

Er läßt sich durch die scheinbar starke Stellung des feindlichen Springers nicht beirren und trachtet seinerseits, eine noch stärkere Stellung mit einer seiner Leichtfiguren einzunehmen. Die Felder e5, eventuell d4 kommen hierfür in Betracht. Eine weiße Figur, am besten ein Springer ist dort im Vergleich zu Se4 deshalb wirksamer postiert, weil eine Vertreibung durch Bauern nicht möglich ist, wogegen der Se4 mit f2—f3 zurückgedrängt werden kann. Die schwarze Strategie ist daher vom Standpunkte einer tadellosen Selbstverteidigung nicht befriedigend. Dr. Tartakower, einer der geschicktest n Verteidigungsspieler der Gegenwart, hat jedoch gerade für solche Stellungen eine gewisse Vorliebe. Er weiß genau, wie schwer es in solchen Lagen dem Angreifer wird, dem Überschätzungsteufel standzuhalten und nicht zu versuchen, aus der Stellung mehr herauszuholen, als möglich ist. Diesmal jedoch scheitert sein Raffinement an der maßvollen Zurückhaltung des Gegners.

11.	....	Sc6—e5:
12.	Lf4—e5:	Lg7—e5:
13.	d4—e5:	Se4—d2:

Damit durchkreuzt er die Absicht des Weißen, der sich eben anschickte, seinen Springer nach d4 zu führen, um dann einen geeigneten Moment für die Vertreibung, bzw. den Tausch des schwarzen Springers (da die auf weiß fixierten Bauern des Nachziehenden den eigenen Damenläufer sehr entwerten!) abzuwarten. Nebenbei aber drohte Weiß langsam den Flankendurchbruch c3—c4 vorzubereiten. Mit seinem nächsten Zuge glaubt nun Schwarz, diesen Zukunftsplänen des Gegners durch einen Angriff auf dem Königsflügel zuvorzukommen. Der Angriff ist jedoch verfrüht, so gefährlich er auch scheint.

14.	Dd1—d2:	f5—f4
15.	Ta1—d1!!	....

Eine ausgezeichnete Parade. Wenn jetzt Schwarz seine Drohung f4—f3 ausführt, so folgt Ld3—e4!! und gewinnt mindestens einen Bauer. Schwarz sieht nun plötzlich ein, daß er nicht wie er vielleicht glaubte besser, sondern schlechter steht. Die Schwäche des Bauern d5, auf die ihn der 15. Zug von Weiß aufmerksam gemacht hat, veranlaßt ihn die Angriffsgedanken ganz aufzugeben und sich nur auf die Verteidigung zu beschränken. In seinen nervösen Damenzügen zeigt sich deutlich die psychologische Wirkung eines gescheiterten Unternehmens. So kommt es, daß er im Handumdrehen auf Verlust steht. Zwiefach war also der Schaden, den die Mißachtung der Verteidigungspflicht mit sich gebracht hat. Nicht nur eine Verschlechterung der Stellung, sondern auch eine Verschlechterung des Kampfmutes!

15.	....	Dd8—c7
16.	Tf1—e1	e7—e6

Lc8—e6 hätte hier geschehen sollen. Ob gut, ob schlecht — der Zug war logisch, die schwarze Partieanlage verlangte ihn; umzusatteln, die Partie in ein solides Geleise zu bringen, dazu war nun keine Zeit mehr.

17.	Td1—c1	Dc7—d8
18.	Ld3—e2	Dd8—a5

19.	b2—b4	Da5—c7
20.	c3—c4	Dc7—e5:
21.	c4—d5:	De5—d6
22.	Le2—f3	Tf8—d8
23.	Dd2—d4	Lc8—d7
24.	Dd4—c5!	....

In den vorangegangenen Zügen hätte Schwarz einige Male etwas besser spielen können. Dies im einzelnen zu untersuchen soll aber nicht unsere Aufgabe sein, nachdem wir das Hauptübel bereits festgestellt haben. Im letzten Zuge ging das Schlagen auf d5 nicht an wegen Lf3—d5† und falls die Dame zurückschlägt, Te1—e8† usw. Jetzt forciert Weiß materiellen Gewinn.

24.	....	Dd6—c5:
25.	b4—c5:	Ta8—c8
26.	c5—c6	b7—c6:
27.	d5—c6:	Ld7—e8
28.	c6—c7	Td8—d7
29.	Te1—e6:	Le8—f7
30.	Te6—c6	Lf7—d5
31.	Lf3—d5†	Td7—d5:
32.	Tc6—a6	Kg8—f7
33.	Ta6—a7: und Weiß gewann.	

Capablanca hat den von Tarrasch ins Leben gerufenen Stil zur Vollendung gebracht. Genaue Entwicklung, Vorsicht, Klarheit, Streben nach absoluter Korrektheit, strikte Abneigung vor dem Abenteuerlichen, Unberechenbaren — das alles macht ihn zu einem großen Automatiker der Verteidigung. Eine fast maschinelle Technik sowie ein genialer Scharfblick für das Taktische, erheben ihn noch besonders und machen ihn nach unseren heutigen Begriffen fast unbesiegbar.

Allerdings weist sein Stil im Turnierspiel auch ähnliche Schwächen auf, wie wir sie im Kapitel 8 beobachtet haben: Denkbar geringste Verlustchancen, aber auch geringe Siegesaussichten! Gegen die heutige Technik ist der automatische Verteidigungsstil nur ein Remisstil. Capablanca versucht deshalb in der letzten Zeit sein Spiel lebendiger zu gestalten und sich den modernen Gedankengängen zu nähern.

Das folgende Beispiel zeigt Capablancas stets wachen Verteidigungsgedanken in der Angriffsführung.

Capablanca   Marshall

(Moskau 1925)

1.	Sg1—f3	Sg8—f6
2.	c2—c4	e7—e6

3.	b2—b3	d7—d5
4.	g2—g3	c7—c5
5.	Lf1—g2	Sb8—c6
6.	0—0	Lf8—e7
7.	d2—d3	0—0
8.	Lc1—b2	d5—d4
9.	e2—e4	d4—e3: e. p. ?
10.	f2—e3:	Sf6—g4
11.	Dd1—e2	Le7—f6
12.	Sb1—c3	Dd8—a5
13.	Ta1—c1	Tf8—d8
14.	h2—h3	Sg4—e5
15.	Sc3—e4	Da5—a2:
16.	Se4—f6†	g7—f6:
17.	Sf3—e5:	Sc6—e5:
18.	Lg2—e4	Lc8—d7
19.	Tc1—a1	Da2—b3:

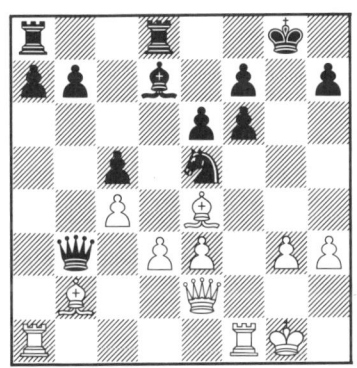

Sich über den Wert oder Unwert der vorangegangenen Züge zu
verbreiten, war für unsere Zwecke nicht wichtig. Das ist vielmehr
diese Stellung. Der Vorteil des Weißen ist augenscheinlich. Der
König entblößt, die Dame weit abseits von den ihren, die halbe Armee
unentwickelt. Das ist eine jener Stellungen, in denen der Gewinn
gewöhnlich auf mancherlei Art zu erzwingen ist. Sofort nach Schluß
der Partie, hat nun Capablanca in Gegenwart des Verfassers
demonstriert, daß er hier auf folgende Art ein brillantes Matt erzwingen konnte:

20. Le5:, fe: 21. Dg4†, Kf8 22. Tf7‡!!, Kf7: 23. Dg5!!, Tf8 24. Lh7:!!,
La4 oder Lc6 25. Lg6†!, Kg7 26. Lf5†, Kf7 27. Dg6†, Ke7 28. De6†,
Kd8 29. Dd6†, Ke8 30. Lg6†, Tf7 31. Tf1, Ld7 32. Tf7: usw.

Trotzdem Capablanca diese Kombination gesehen und berechnet hatte, entschloß er sich doch lieber auf alle Schönheit, auf das „Ruhmesblatt" zu verzichten und wie folgt einfach zu gewinnen.

20. Tf1—b1!   Db3—b4
21. Lb2—e5:

Damit ist entscheidender Materialgewinn erreicht, Schwarz gab nach wenigen Zügen auf.

Solch ein Fall, daß ein Spieler eine prächtige Mattkombination gesehen, berechnet und schließlich doch zugunsten einer trockenen Gewinnwendung verworfen hätte, wäre noch vor 50 Jahren geradezu undenkbar gewesen. Damals hätte sicherlich jeder Spieler gerne das Quäntchen Gefahr, das in der Möglichkeit eines Rechenirrtums bestand, des Glanzes wegen auf sich genommen, vielleicht gar nicht an Gefahr gedacht. Capablancas Verteidigungsprinzipien haben ihm jedoch dieses kleine Risiko nicht erlaubt und ihn gezwungen, einen klaren Weg zu gehen.

XI. Einige Vorbilder

Mit dieser kleinen Sammlung wollen wir unser Buch beschließen. Es sind einige systemlos aneinandergereihte Beispiele meisterhafter Verteidigung in irgendwie gefährdeter Stellung. Es muß übrigens nicht immer die Partie, es kann auch ein Vorteil gerettet werden!

Das Primitivste ist die forcierte Remiskombination, wenn die Stellung sonst wahrscheinlich verloren ist.

Zukertort.

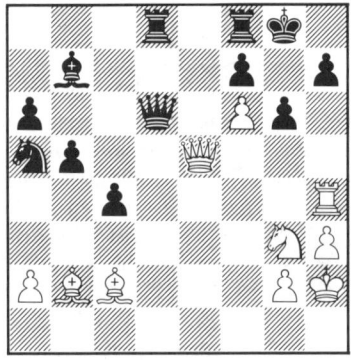

Andersen.

Weiß am Zuge. Er ist materiell viel schwächer, hat zwar eine starke Angriffsstellung, aber der Gegner droht bereits entweder die Damen zu tauschen oder auf der d-Linie einzudringen. Weiß rettet sich wie folgt:

1. De5—g5	....

Droht Vernichtung mit Dg5—h6. Schwarz hat aber eine wuchtige Deckung.

1.	....	Dd6—d2!

Droht Matt und greift die Dame an, die nicht getauscht werden darf. Aber nun kommt es problematisch.

2. Sg3—f5!!	Dd2—g5:
3. Sf5—e7†	Kg8—h8
4. Se7—g6‡!	Dg5—g6:
5. Lc2—g6:	Td8—d2!
6. Th4—h7‡	nebst ewigem Schach auf g7 und h7.

Im zweiten Zuge durfte Schwarz nicht durch Dd2—g2‡ vereinfachen, denn Weiß tauscht die Damen und gewinnt dann mit der Textfortsetzung; den Läufer auf c2 durfte er wegen Sf5—e7† nebst Th4—h7‡ und Dg5—h4‡ nicht schlagen. Im 4. Zuge mußte er die Dame zurückgeben, da sonst der Springer wieder Schach und sodann der Turm Matt gibt, und der f-Bauer durfte wegen des zum Matt führenden Abzugschachs nie schlagen.

Amateur.

Dr. Tarrasch.

Schwarz am Zuge. Sein Gedanke sollte die Rochade sein, aber es bot sich ihm ein anscheinend siegreicher Angriff.

1.	....	Sf6—g4

Greift f2 und h2 zum zweiten Male an und droht zugleich Sc6—d4! mit Mattangriff oder Materialgewinn. Wie soll dies alles gedeckt werden? Es gäbe keine Rettung, wenn der Gegner bereits rochiert hätte. Jetzt hingegen findet Weiß eine vorteilhafte Parade.

2. Lg5—h4! Sc6—d4

Durchschaut nicht die Verteidigung und rennt ins Verderben.

3. Td3—d4:! . . . .

Allerdings erzwungen.

3. . . . . Lc5—d4:

4. Lh4—g3! . . . .

Damit wird nicht nur die Dame, sondern auch der Läufer d4 direkt angegriffen und der Springer g4 indirekt durch Sf3—d4: nebst De2—g4: bedroht.

4. . . . . Ld4—e5

Der einzige Zug, welcher alles zu decken scheint. Aber nur scheint!

5. Sf3—e5:! Sg4—e5:

6. De2—h5! und gewinnt den Springer, der mit f7—f6 nicht gedeckt werden kann. Schwarz mußte nach einigen Zügen aufgeben.

Feine Widerlegung eines vorzeitig ohne Rochade unternommenen Angriffs!

Spielmann.

Dr. Tarrasch.

Weiß am Zuge. Er muß sich verteidigen. Der Gegner hat auf dem Damenflügel eine sehr gefährliche Angriffsstellung erreicht. Gelänge es ihm, noch die Türme zu Hilfe zu nehmen, so müßte er mit der weit vorgerückten „Majorität" sicher gewinnen. Weiß zerstört einfach und sinnreich alle Illusionen.

1. Lc1—g5!! . . . .

Die Dame wird von dem Rückweg nach ihrem Flügel abgedrängt.

1. .... Df6—g6
2. Lg5—d2!! ....

Sodann der Läufer b4 zum Tausch genötigt, der Springer zum Rückzug gezwungen und im Nu ist Schwarz verloren, da die vorgeschobenen Bauern unhaltbar werden.

2. .... Lb4—d2:

Erzwungen, da auf Sa5—c6 3. d4—d5 mit Figurgewinn folgt. Der Sinn des vorhergegangenen Angriffs auf die Dame wird klar. Sie kann jetzt nicht über e7 zu Hilfe kommen.

3. Dd1—d2: Sa5—c6

Der Feind ist in die Flucht gejagt und Weiß gewinnt leicht. Er hat zwei Wege. Entweder 4. Dd2—c3, was rasch beide Bauern erobert, oder 4. d4—d5, den er auch gewählt hat und der außer materiellem Gewinn auch heftigen Angriff sichert.

Teichmann.

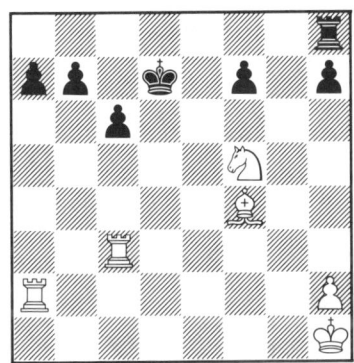

Blackburne.

Weiß am Zuge steht vor einer großen materiellen Übermacht. Zwar ist der feindliche König etwas exponiert, seine schließliche Salvierung scheint aber natürlich. Und doch ist sie unerreichbar.

1. Tc3—d3† Kd7—e6

Zwang. Auf c8 würde der König sofort matt und auf e8 käme er nur unter Aufopferung seines Königsturmes davon: 2. Lf4—c7!, Ta2—a1† 3. Kh1—g2, Th8—g8† 4. Kg2—h3, f7—f6 5. Td3—d8†, Ke8—f7 6. Sf5—h6† usw.

2. Sf5—g7†! Ke6—e7

Falls Ke6—f6, so 3. Td3—d6†! und Schwarz darf den Springer wegen Lf4—h6† nebst Matt nicht schlagen. Also müßte der König ebenfalls nach e7 und Weiß hat dann mit 4. Sh6—f5†, Ke7—e8

105

5. Sf5—g7† mindestens Remis, denn auf 5. . . . . Ke8—e7 folgt wieder Sg7—f5† und auf 5. . . . . Ke8—f8 setzt Weiß mit 6. Lf4—h6 fort, worauf Schwarz wieder mit dem König nach e7, also in das ewige Schach muß. Der Gewinnversuch 6. . . . . f7—f6 scheitert nicht an 7. Td8†, Kf7 8. Td8—h8:, Kf7—g6!, sondern an 7. Td7!.

$$\text{3. Td3—e3†} \qquad \text{Ke7—d7}$$

Mit 3. . . . . Ke7—f6 würde er ins Mattnetz geraten. 4. Lf4—e5†, Kf6—g6? 5. Te3—g3† usw.

$$\text{4. Te3—d3†} \qquad \text{Kd7—e7}$$

nebst Remis durch Zugswiederholung. Schwarz darf nicht mit Kd7—c8 auf Gewinn spielen, sondern müßte sich auch mit Remis begnügen: 5. Sg7—f5! (droht Matt auf e7, ferner Turmgewinn durch Sd6† nebst Sd6—f7‡ usw.), Ta2—a1† 6. Kh1—g2, Th8—g8† 7. Kg2—f2, Tg8—e8 8. Sf5—d6†, Kc8—d7 9. Sd6—f5†, Kd7—e6? (richtig 9. . . . . Kd7—c8 usw. mit Remis) 10. Sf5—g7†, Ke6—e7 11. Td3—e3† und gewinnt.

Pillsbury.

Marco.

Schwarz am Zuge. Er hat eine ganze Figur mehr und steht doch gefährdet, da er mit der Entwicklung im Rückstand ist, der feindliche Bauernblock in Verbindung mit dem eingedrungenen Turm stark droht und Rückgewinn der Figur verspricht.

$$\text{1.} \quad \ldots \qquad \text{Sb8—c6!!}$$

Mit einem Schlag befreit sich Schwarz und erlangt siegreichen Gegenangriff.

$$\text{2. Te7—d7:} \qquad \ldots$$

Noch schlimmer wäre es, den Springer zu schlagen. Der Läufer nimmt zurück und die enorme Drohung Tf3—h3 nebst g4—g3 usw. entscheidet.

2.	. . . .	Sc6—e5:
3.	Td7—g7	Se5—c4:
4.	Tg7—g4:	Sc4—e3
5.	Tg4—g6	Se3—d5:
6.	c2—c4	Sd5—f4
7.	Tg6—g7	. . . .

Falls Tg6—h6:, so Ta8—g8†! usw.

7.	. . . .	Ta8—e8
8.	Ta1—d1	Te8—e4
9.	c4—c5	Sf4—e6
10.	Tg7—g6	Se6—c5:
11.	Tg6—h6:	Te4—e2

Weiß gab auf.

Ein prächtiges Beispiel aktiver Verteidigung.

Capablanca.

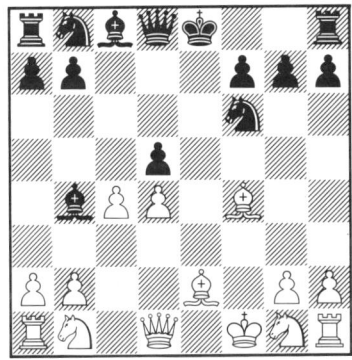

Dr. Tartakower.

Schwarz am Zuge. Der Gegner hat die Rochade aufgegeben, droht indessen einerseits durch Lf4—b8: nebst Dd1—a4† usw. eine Figur zu gewinnen, andererseits — z. B. auf 0—0 — mit c4—c5 nebst a2—a3 und b2—b4 eine gefährlich vorgeschobene Übermacht auf dem Damenflügel zu erlangen.

1.	. . . .	d5—c4:!

Pariert klar die letztere Drohung. Weiß glaubt nun die erstere ausführen zu können.

2.	Lf4—b8:	. . . .

Besser war Le2—c4:.

2.	. . . .	Sf6—d5!

Deckt den gefährdeten Läufer und droht zugleich Damengewinn, so daß Weiß seinen momentanen Mehrbesitz nicht behaupten kann. Zieht Weiß 3. Lb8—f4, um auf Sd5—f4: wieder Dd1—a4† usw. zu antworten, so erwidert Schwarz 3. .... Dd8—f6! mit vorteilhaftem Rückgewinn der Figur, da wieder vor allem Sd5—e3† droht.

Eine schöne Illustration zum „Zwischenzug", dem gefährlichsten Feind optimistischer Angriffsspieler. Man muß mit ihm immer rechnen. An den unwahrscheinlichen Stellen pflegt er tückisch aufzutauchen. Man könnte ein Sprichwort anpassen: „Wo die Kombination am klarsten, ist der überraschende Zwischenzug am nächsten!".

Vukovic.

Réti.

Weiß am Zuge. Offenbar hängt sein Wohl und Wehe davon ab, ob er das breite Zentrum behaupten kann oder nicht. Naheliegend ist 1. Sg1—f3; aber dann folgt Dd8—b6 2. Lc1—e3, Db6—b2! und die weiße Mitte wird zermetzelt. Wenn aber Weiß dies verhindern kann, so muß er ein stark überlegenes Spiel erlangen. Und das ist möglich:

1. Dg4—d1!! ....

Ein unheimlich starker — Angriffszug! Indem Weiß sein Zentrum gegen alle Angriffe endgültig verteidigt, schafft er für seinen eigenen Angriff eine unerschütterliche Grundlage.

Der Zug ist sehr fein und für Rétis unbefangene frische Denkungsweise typisch. Schwarz kann nicht zweimal auf d4 schlagen, da er sonst durch Ld2—b4† schließlich den Springer verliert. Weiß kommt bequem zur Behauptung seines Zentrums mit Ld2—e3, Sg1—f3 usw. und gleichzeitig wird durch die zweite Deckung der ersten Reihe ein Dameneinbruch auf b2 wertlos gemacht.

Capablanca.

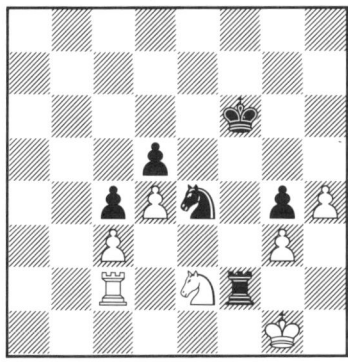

Spielmann.

Weiß am Zuge. Er hat einen Bauer mehr, steht jedoch augenscheinlich viel schlechter. Der Gegner ist im Angriff eingedrungen und hat eine Zugszwangstellung erreicht. Mindestens den Bauer muß er zurückgewinnen. Der weiße König darf wegen Tf2—e2: nicht ziehen, der Springer ist gebunden, der Turm kann nur nach b2 oder a2. Spielmann verteidigt sich höchst geistreich. Seine nächste Stütze ist der freie h-Bauer.

1.	Tc2—a2	Tf2—f3

Entweder c3 oder g3 muß nun fallen und Schwarz behält trotzdem die überlegene Stellung.

2.	Kg1—g2!	....

Schlecht wäre es, g3 zu geben und c3 halten zu wollen. Dann behielte der schwarze Turm die dominierende Stellung, der weiße dagegen wäre an den Bauer c3 gebunden und der feindliche König könnte über e4 siegreich eindringen.

2.	....	Se4—c3:
3.	Se2—c3:	Tf3—c3:

Das Turmendspiel ist für Schwarz sehr günstig, denn er steht mit König und Turm viel besser, als der Gegner. Sein Freibauer ist daher weit gefährlicher als der feindliche.

4.	Ta2—a5!	....

Einen Schritt weiter und Weiß müßte verlieren, da der schwarze König nach f5 und e4 kommt. Jetzt dagegen bleibt er vorläufig gebunden.

4.	....	Kf6—e6
5.	h4—h5!	....

109

Nun rührt sich der Freibauer und der schwarze Turm muß rasch zurück, um entweder den Bauer aufzuhalten oder den König in der Deckung von d5 abzulösen.

5.   ....   Tc3—f3

Auf Tc3—b3 kann 6. h5—h6, Tb3—b7 7. Kg2—f2 geschehen und Weiß ist gerettet, indem er mit dem König nach e3 und eventuell f4, mit dem Turm nach c5 gelangt. Der Textzug ist viel stärker, denn der weiße König kann nun nicht das Quadrat des gegnerischen Freibauern betreten.

6. Ta5—a6†!   ....

Ausgezeichnet! Der schwarze König kann nun nicht nach f5, weil er damit den Turm verstellt und das Spiel in Verlustgefahr bringt. Z. B.: Ke6—f5 7. h5—h6, Tf3—b3 (oder A) 8. h6—h7, Tb3—b8 9. Ta6—d6, Kf5—e4 10. Td6—g6! droht Tg6—g8 und erzwingt daher Tb8—h8 11. Tg6—g4‡ nebst Tg4—h4. — A) 7. .... Tf3—e3 8. h6—h7, Te3—e8 9. Ta6—d6! und Schwarz darf nicht Kf5—e4? ziehen wegen 10. Td6—e6†!!. Er bleibt also in beiden Varianten im Nachteil.

6.   ....   — Ke6—f7

Geht der König, um den folgenden Zug zu verhindern, nach e7 oder d7, so würde die Folge sein: 7. h5—h6, Tf3—f8 (Tempoverlust wäre Tf3—f7, denn der nächste Zug geschieht trotzdem) 8. h6—h7, Tf8—h8 9. Kg2—f2! und der König ist im Quadrat des Freibauern, der Turm von dessen Bewachung befreit und kann nach h6 und h4 geführt werden.

7. Ta6—d6!   ....

Alles wichtig. Sofortiges h5—h6 verliert wegen der Antwort Tf3—f6!.

7.   ....   Tf3—f5
8. h5—h6   Kf7—g8

Ein Turmzug müßte entweder den weißen König befreien oder den Bauer d5 aufgeben.

9. Td6—d7   ....

Hier war aber schon mit dem einfacheren 9. Td6—g6† Remis zu erzielen. Weicht dann der schwarze König auf die f-Linie aus, so folgt 10. h6—h7, Tf5—h5 11. Tg6—g5! usw., weicht der König auf die h-Linie, so folgt 10. Tg6—g4: und Weiß kommt mit dem Turm zurecht falls Schwarz mit dem Freibauer vorgeht, bei anderen Fortsetzungen kann höchstens einmal ein Turm- oder Bauernendspiel entstehen, in welchem Schwarz in theoretischer Remisposition gegen den c-Bauer die Bauern g3 und d4 erobert hat.

Nach dem geschehenen Zug ist ein neues problematisches Endspiel entstanden.

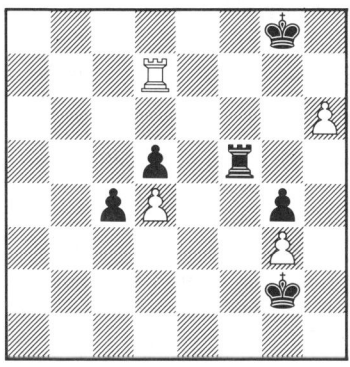

Capablanca.

Spielmann.

Schwarz am Zuge. Er steht besser, denn sein Freibauer ist besser gedeckt, sein König wird eher zu befreien sein als der gegnerische. Weiß hat demgegenüber einstweilen die bessere Turmstellung.

9.	....	Kg8—h8
10.	Kg2—g1!	c4—c3

Die einzige Möglichkeit vorwärts zu kommen.

11.	Td7—c7	Tf5—f3
12.	Kg1—g2	Tf3—d3

Nun steht auch der schwarze Turm gewaltig. Schon droht sofortiger Gewinn durch 13. . . . . Td3—d2† 14. Kg2—f1, c3—c2 nebst Td2—d1† usw. Mit dieser Drohung arbeitet Schwarz von nun an, und schließlich sieht es aus, als wäre sie nicht mehr zu parieren.

13. Kg2—f2 . . . .

Der König muß derart stehen, daß er den Turm angreifen kann, sobald auf der zweiten Reihe ein Schach folgt.

13. . . . . Td3—f3†!

Schwarz gewinnt zunächst in feiner Weise ein Tempo, sodaß der Gegner in Zugszwang gerät.

14.	Kf2—g2	Tf3—e3!
15.	Kg2—f2	Te3—d3!

Jetzt ist das Tempo gewonnen, da der weiße König nicht mehr ziehen kann. Also muß der Turm ziehen und — da er die c-Linie nicht verlassen darf — den schwarzen König befreien. 16. h6—h7 wäre zwecklos, denn Schwarz kann das Manöver Td3—f3† usw.

111

wiederholen, und kommt dann mit dem König, der den h-Bauer nicht erst holen muß, um ein Tempo eher.

16. Tc7—c5	Kh8—h7
17. Tc5—d5:	Kh7—h6:
18. Td5—c5	Kh6—g6

Nun droht Schwarz den König nach d6 zu führen und dann das tempogewinnende Turmmanöver Td3—f3†—e3—d3 entscheidend zu wiederholen.

Weiß rettet sich studienartig.

| 19. Kf2—e2!! | .... |

Er gibt einen Bauer, um für den König ein Feld der 3. Reihe frei zu haben, das Abdrängen auf die 1. Reihe vermeiden zu können und so die Hauptdrohung des Gegners ein für allemal aus der Welt zu schaffen.

| 19. .... | Td3—g3: |
| 20. Ke2—f2! | .... |

Sehr wichtig! Der König muß jetzt den zweiten Freibauer bewachen; deshalb muß die Absperrung mit Tg3—f3 vermieden werden.

20.	Tg3—h3
21. Kf2—g2	Th3—d3
22. Kg2—h2	....

Der König kann sich nun bequem bewegen, es gibt keinen Zugszwang mehr.

22.	Kg6—f6
23. Kh2—g2	Kf6—e6
24. Kg2—h2	Ke6—d6
25. Kh2—g2	Td3—d2†

Schwarz hat keine Gewinnmöglichkeit mehr. Er versucht noch einen Witz.

| 26. Kg2—g3 | c3—c2 |
| 27. Kg3—h4! | .... |

Ein feiner Gegenwitz. Natürlich durfte der Bauer wegen Turmverlust nicht geschlagen werden; aber nun bedient sich der weiße König des feindlichen Bauern als Deckung.

| 27. .... | Td2—g2 |
| 28. Kh4—g5! | Tg2—g1 |

Auf g3 folgt Kg5—g4!. Weiß schlug jetzt auf c2 und die Partie wurde nach wenigen Zügen remis gegeben.

Ein ungewöhnlich reiches und lehrreiches Endspiel. Spielmann entpuppt sich als famoser Verteidiger!

Weiß am Zuge. Er steht gut und sollte seine Chancen auf dem Damenflügel suchen. Der Durchbruch c4—c5 sollte ihm vorschweben. Statt dessen entschließt er sich zu einem Königsangriff, der — nachdem dabei e4 rückständig wird — positionell nicht voll befriedigt aber doch aussichtsreich scheint, da die schwarzen Figuren zur Verteidigung der Königsseite nicht gut wirken. Lasker sichert sein Spiel mit einer genialen und wunderschönen Umgruppierung.

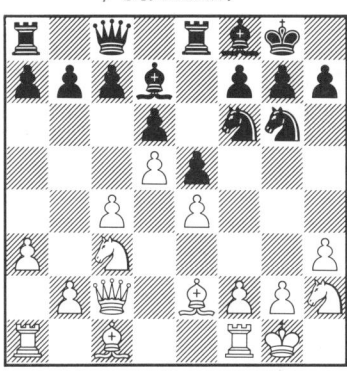

Dr. Lasker.

Dr. Tartakower.

1. f2—f4	....

Beginn des Angriffs.

1.	e5—f4:
2. Lc1—f4:	Sg6—f4:
3. Tf1—f4:	Lf8—e7!

Beginn der Umgruppierung.

4. Ta1—f1	Te8—f8!
5. Dc2—d3	Ld7—e8!
6. Dd3—g3	Dc8—d8!
7. Sc3—d1	Sf6—d7!

Der schwarzen Stellung ist nun nichts anzuhaben, vom weißen Angriff ist nur die Schwäche e4 übrig geblieben. Es ist verständlich, daß Weiß in einer gewaltsamen Fortsetzung der Aktion sein Heil sucht. Er opfert die Qualität.

8. Sd1—e3	Le7—g5!

Die Figuren beginnen in den neuen Stellungen ihre Kräfte zu entfalten.

9. Tf4—g4	f7—f6!
10. Dg3—f2	h7—h5!
11. Tg4—g3	h5—h4!

Weiß hatte vielleicht mit Lg5—h4 gerechnet. Darauf wäre er mit 12. Tg3—g7† usw. in Vorteil gekommen.

12. Tg3—g4	Le8—h5!

Mit nunmehr entscheidendem Qualitätsgewinn.

Das Verteidigungsmanöver von Schwarz war von ganz ungewöhnlicher Tiefe. —

Zwar nicht Tarrasch selbst, aber die Tarrasch-Generation hat — wie schon in einem vorhergehenden Kapitel auseinandergesetzt — zu wenig initiative Triebe in sich gehabt. Sie hatte nicht den Ehrgeiz, vielleicht auch nicht den Mut besessen nach Gewinn- möglichkeiten zu suchen, wenn die Stellung nicht besondere Ge- legenheit gab. Sie hat sich im allgemeinen mit dem Grundsatz abgefunden: wenn nur mir nichts geschieht, dann bin ich zufrieden.

Teichmann.

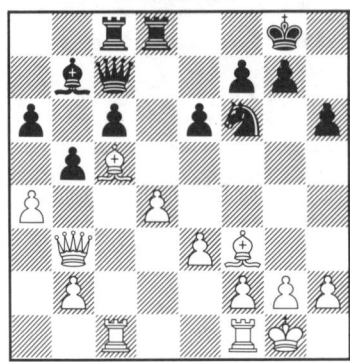

Aljechin.

Ganz Großes konnten aber diese Meister leisten, wenn es sich darum handelte, drohenden Ver- lust abzuwenden, wenn sie gewalt- sam angegriffen wurden, oder sonst in Gefahr schwebten. Sie hatten also nur geringen Sieges- drang, waren aber vermöge ihres sorgfältigen Stiles selbst schwer zu besiegen. Ihre Stärke pflegte sich hauptsächlich in schwierigen Lagen zu zeigen. Diese Cha- rakteristik trifft besonders bei Teichmann zu. Ein schönes Beispiel:

| 1. | .... | a6—a5! |

Schwarz steht augenscheinlich sehr schlecht. Der Textzug leitet eine bewundernswerte Rettungsaktion ein. Schlägt Weiß den an- gebotenen Bauer nicht und spielt etwa Tf1—e1 bzw. d1, um im Zentrum vorzugehen — was die richtige Idee war —, so kann sich Schwarz mit b5—b4, nebst evtl. La6 sehr zähe verteidigen.

| 2. | a4—b5: | .... |

Auch Aljechin, der trotz aller Schärfe seines Stiles jederzeit auf Selbstverteidigung sehr bedacht ist — mehr als die übrigen Modernen — durchschaut hier nicht Teichmanns genialen Plan.

2.	....	c6—b5:
3.	Db3—b5:	Lb7—f3:
4.	g2—f3:	Td8—d5!!

Droht ein prachtvolles Remis durch das Damenopfer auf h2 nebst ewigem Turmschach. Wollte dies Weiß mit Db5—d3 ver- hindern, um schließlich die Dame zurückzuopfern, so wird dadurch dem weißen König das Fluchtfeld d3 abgeschnitten. Schwarz treibt darauf den König bis f4 und hält dann Remis durch Sf6—d5†—f6† usw. Alles reizend, problemhaft.

| 5. | f3—f4 | Sf6—e4 |

114

Droht den geopferten Bauer auf c5 mit besserem Spiel zurückzugewinnen.

| | 6. Tc1—c2 | .... |

Pariert die Drohung, denn auf Se4—c5: verdoppelt Weiß die Türme und behauptet Vorteil.

| | 6. .... | g7—g5! |

Gewinnt den Bauer zurück und erzwingt Ausgleich. Weiß darf nicht schlagen, da er sonst in wenigen Zügen verliert.

7.	f2—f3	Se4—c5:
8.	Tf1—c1	Tc8—b8!
9.	Db5—e2	g5—f4.
10.	d4—c5:	....

Nimmt der Turm, dann kann Schwarz tauschen und Dd8 oder Db6 spielen. Jetzt behält Weiß den Freibauer, dessen Stärke jedoch durch die Schwäche der Königsstellung wettgemacht wird.

Nach einer Anzahl von Zügen folgte Remisschluß.

Am Zuge Weiß. Seine Stellung ist augenscheinlich ungünstig, da der Königsläufer nach b1 muß, wo er lebendig begraben ist. Mancher Meister würde in solcher Lage an das Aufgeben denken und nur noch eine Zeitlang gleichgültig weiterschieben. Lasker konzentriert sich nun erst recht und verteidigt sich vorbildlich. Es zeigt sich dabei, daß die weiße Stellung keineswegs so schlecht ist, wie es auf den ersten Blick aussieht, sondern für Weiß noch viele Chancen enthält.

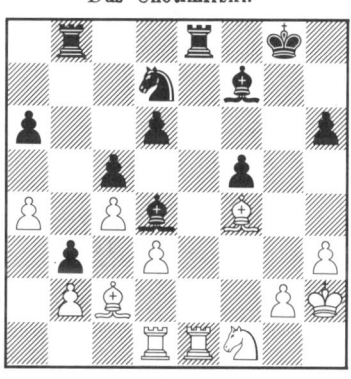

Dus Chotimirski.

Dr. Lasker.

1.	Te1—e8‡!	....

Das zwingt den Gegner mit dem Läufer zurückzuschlagen, so daß Weiß Anwartschaft auf die einzige offene Linie bekommt.

1.	....	Lf7—e8:
2.	Lc2—b1	Sd7—e5
3.	Sf1—g3!	....

Schwarz hat die schlechtere Bauernstellung, was der Gegner zu Tempogewinn ausnützt. Lf4—h6: wäre recht schwach.

3.	....	Le8—g6

Besser war Le8—d7, damit der Läufer nach zwei Seiten wirkt. Vielleicht konnte dann gelegentlich Ld7—a4: geschehen und der a-Bauer nachgerückt werden. Auf 4. Sg3—e2 war Tb8—e8 gut. Überhaupt sollte Schwarz, der eigentlich eine Figur mehr besitzt, trachten, sich im Zentrum und auf dem Königsflügel, wo er mancherlei Schwächen besitzt, zu konsolidieren und erst dann an Angriff denken. Indem er aber auf dem Damenflügel überstürzt gewinnen will, geht er im Zentrum zugrunde.

4.	Td1—d2	Tb8—b4
5.	Sg3—e2!	Tb4—a4:

Danach wendet sich das Blatt. Der einzige Zug war Se5—f7, worauf Weiß durch 6. Se2—c1 das gegnerische Turmmanöver desavouieren konnte.

6.	Se2—d4:!	c5—d4:
7.	c4—c5!	....

Weiß hat sich damit einen enorm starken Freibauer erkämpft, den er von Turm und Läufer unterstützt zum Siege führt. Unterdessen jagt Schwarz einem unter den gegebenen Verhältnissen vollkommen wertlosen Läufergewinn nach, führt seine wichtigste Figur ganz abseits, um eine Minusfigur (!) zu erobern.

7.	....	Ta4—a1

Auch die Umkehr (Ta4—b4) hätte nichts mehr geholfen, z. B.: 8. c5—d6:, Se5—d7 9. Td2—e2 und Schwarz ist derart zurückgedrängt, daß er keine Aussicht hat, den Bauer d4 zu behaupten. Wenn aber der fällt, dann ist der tote Läufer auferstanden und Weiß gewinnt leicht.

8.	c5—d6:	Se5—d7
9.	Td2—d1	Lg6—f7
10.	Td1—e1	a6—a5
11.	Te1—e7!	Sd7—c5
12.	Lf4—e5!	Ta1—a4

Schwarz ist verloren, Weiß kommt auf jeden Fall früher.

13.	Te7—c7	Sc5—e6
14.	d6—d7	Ta4—b4
15.	Tc7—c8†	Kg8—h7
16.	Tc8—h8†	Kh7—g6
17.	Th8—e8!	Tb4—b6
18.	Le5—f4	....

Nicht einmal den Läufer läßt er ihm. Gegen 19. Te8—e6‡ ist nun nichts zu erfinden.

Schwarz gab nach zwei Zügen auf.

Laskers Überzeugung von der hohen Verteidigungskraft oder wie er es zu nennen pflegt, „Resistenz" selbst offenkundig ungünstiger Stellungen hat hier einen großen Triumph gefeiert.

XII. Wissenschaftliche Verteidigung

Nach dem ersten Weltkrieg nahm das internationale Schachleben einen großen Aufschwung; besondere Antriebe hierfür waren die vorangegangene lange Ruhepause sowie die selbständigen Schachbewegungen in den neu gegründeten Staaten. Der Spiegel des allgemeinen Schachwirkens begann sich stärker denn je zu heben, insbesondere auch da jeder neue Staat bemüht war, die Schachliteratur in seiner Landessprache zu bereichern. Die Schachmeister, emsig daran der Beginnstellung, von der schließlich alle Schachweisheit ausgeht, neue Geheimnisse zu entlocken, wurden wahre Forscher und Gelehrte ihres Fachs.

Der Fortschritt äußerte sich, und äußert sich noch weiter vornehmlich auf dem Gebiete der Verteidigung — allerdings einer Verteidigung, die sich nicht auf unmittelbar nötige Maßnahmen beschränkt, sondern hauptsächlich darauf gerichtet ist, Aussichten auf Gegenspiel zu wahren. Es ist bezeichnend, daß dieses Zeitalter sehr viel Neues für Schwarz hervorbrachte, jedoch verhältnismäßig wenig Neues für Weiß.

Neu sind die Indischen Verteidigungen sowie die Aljechin-Verteidigung, fast neu die Benoni-Systeme sowie die (auch unter anderen Namen bekannte) Pirc-Verteidigung. Demgegenüber kann Weiß höchstens auf die Réti-Eröffnung pochen, doch führt 1. Sg1—f3 gewöhnlich zu Abspielen der Englischen Eröffnung oder in das Gebiet der umgekehrten Indischen Verteidigung. Schwarz hat es eben leichter, sich auf ein bestimmtes System einzustellen, denn der erste Zug des Gegners gibt ihm einen Anhaltspunkt, den Weiß bei seinem ersten Zuge nicht besitzt.

Früher war es gebräuchlich, das Spiel symmetrisch zu beginnen; die meisten Partien wurden mit 1. e2—e4, e7—e5 oder 1. d2—d4, d7—d5 eröffnet. In diesen Fällen macht sich der Anzug als ein kleiner, wenigstens einige Züge lang anhaltender Vorteil bemerkbar. Heute bevorzugt man jedoch mit Schwarz unsymmetrische Antworten, wodurch die Verteidigung die Gestalt des Gegenangriffs annimmt; der sogenannte Vorteil des Anzuges verliert dann viel von seiner praktischen Bedeutung und schlägt sogar nicht selten in Nachteil um.

An der Spitze der halb-offenen Spiele steht heute die Sizilianische Verteidigung. Wir erinnern uns einer halb-scherzhaften Bemerkung Emanuel Laskers „Ja, wenn sich 1. e2—e4 nicht mit 1. . . . Sg8—f6 widerlegen läßt, so bleibt nur 1. . . . c7—c5". Die Sizilianische, mit ihren schier unergründlichen Spannungen, wurde in den letzten Jahrzehnten tief durchforscht und eifrig angewendet, ohne daß überzeugende Gründe für oder wider an den Tag gekommen wären.

Im Reiche der halb-geschlossenen Spiele hat ein Regierungswechsel stattgefunden, indem die zunächst herrschende Nimzo-Indische Verteidigung allmählich von der Königsindischen abgelöst wurde. Die Königsindische Verteidigung ist, was Reichtum an Spannungen anbelangt, mit der Sizilianischen Verteidigung eng verwandt.

Und wie kommt dies alles zu unserem Titel „Wissenschaftliche Verteidigung"?

Nun, wir wollen angedeutet haben, daß die Rollen von Angreifer und Verteidiger heutzutage nicht so klar verteilt sind wie einst, und daß Verteidigung im Sinne der Wahrung von Belangen nicht beschränkt ist auf dringende Maßnahmen und persönlichen Stil.

Der Meister von heute hat gelernt, sich bis zu einem hohen Grade jedem angezeigten Stil anzupassen; er schreitet dahin auf wissenschaftlich vorgezeichneten Pfaden, findet, entsprechend seinen Fähigkeiten, gelegentlich neue, ist stets auf Angriff oder Gegenangriff bedacht, und versteht es jedenfalls, seine Interessen, welcher Art sie auch sein mögen, sorgfältig im Auge zu behalten. Er bedient sich der wissenschaftlichen Verteidigung.

Nur auf dieser Grundlage schien es uns möglich, die Frist von vierzig Jahren mit einigen wenigen Beispielen zu überbrücken.

Einige hausgemachte Fachausdrücke

Die wissenschaftliche Erfassung des Schachspiels erfordert bestimmte Benennungen für verschiedene häufig wiederkehrende Einzelheiten der allgemeinen Lage.

Wir haben eine Anzahl solcher Ausdrücke entworfen und führen nachstehend einige davon an, die alphabetische Reihenfolge benützend.

Unsere Ausdrücke sagen etwas, das unserer Meinung nach gesagt werden muß, es bleibe jedoch dahingestellt, ob wir es gut gesagt haben.

Einige Fachleute haben sich gegen die Einführung neuer Fachausdrücke ausgesprochen; das ist durchaus verständlich; denn die Fachleute, die Professoren, sind im allgemeinen konservativ. Immerhin müssen sie darum nicht immer im Recht sein; wären sie es immer gewesen, so würde sich, nur um ein kleines Beispiel zu geben, unsere liebe Erde noch immer nicht bewegen.

Betreuung: Die tatsächliche oder mögliche Deckung durch ein oder zwei Bauern, daher in vielen Fällen, besonders soweit es sich um Felder oder Bauern handelt, genauer als der mehr allgemeine Ausdruck „Deckung"; so z. B. will „gedeckter Freibauer" stets als „betreuter Freibauer" verstanden sein. Unbetreute Felder oder Bauern neigen zur Schwäche (s. Verweisung).

118

Duo: zwei benachbarte Bauern derselben Farbe in waagrechter Aufstellung, z. B. e4, f4, g2, h2 gegen a7, b7, c6, d6. Im Duo stehend besitzen Bauern ihre grundsätzlich höchste Kampfbereitschaft. Die Fähigkeit Duos zu bilden ist gewöhnlich maßgebend für eine gesunde Bauernstellung.

Hängender Bauer: ein nur in der Einzahl neuer Ausdruck, der uns vom Geiste Morgensterns eingeflüstert wurde: „Füge, Kmoch, zur Mehrzahl auch die Einzahl noch". Die für zwei hängende Bauern bezeichnenden Eigenschaften können nämlich ebensogut einen einzelnen Bauer betreffen, indem dieser isoliert ist und halbfrei; das beste Beispiel hierfür ist der so oft vorkommende vereinzelte Damenbauer; er fällt fast ausnahmslos in den genannten Rahmen und läßt sich dann genauer als „hängender Damenbauer" beschreiben.

Hebel: zwei feindliche Bauern in Schlagstellung, z. B. f4 gegen e5; Hebel dienen der Linienöffnung und sind das wichtigste Werkzeug des Angriffs oder Gegenangriffs.

Leukopenie: Schwäche auf Feldern weißer Farbe — fast ausschließlich eine Folge des schlechten schwarzfeldrigen Läufers.

Melanpenie (auch *Melanopenie*): Schwäche auf Feldern schwarzer Farbe — fast ausschließlich eine Folge des schlechten weißfeldrigen Läufers.

Schein-offene Linie: Die Senkrechte, welche nur durch die Verdopplung eines Bauern einseitig aufgeklappt wurde; z. B. f2, g2, g3 gegen f7, g7, h7; hat grundsätzlich weniger Bedeutung als eine im Wege des Bauerntausches geöffnete Linie, steigt jedoch im Wert, falls der Gegenbauer die Möglichkeit einer Bauerndeckung verloren hat, z. B. f2, g2, g3 gegen f7, g5, h6.

Spannen: Die auf einer Senkrechten liegenden Abstände von einem Bauer: 1) zu seinem Gegenbauer: Zwischenspanne, im Falle von e4 gegen e7 zwei Felder betragend; 2) zu seinem Umwandlungsfeld: Frontspanne, im Falle von wBe4 vier Felder; 3) zum hinteren Rand: Rückenspanne, im Falle von wBe4 drei Felder. In einer sonst etwa gleichen Stellung besitzt die Seite mit den kürzeren Frontspannen den Spannenvorteil, bestehend in einem Übergewicht an Bewegungsraum. Was die auf Null eingeschrumpfte Zwischenspanne anbelangt s. Widder.

Stoppfeld (oder kurz *Stopp*): das einem Bauer vorgelagerte Feld; so z. B. ist d5 das Stoppfeld eines wBd4; Stoppfelder, die nicht durch Bauern deckbar sind, ziehen feindliche Figuren an und neigen daher zur Schwäche; die dem Stoppfeld vorgelagerten Felder sind die Fernstoppfelder des Bauern; diese haben um so weniger Bedeutung, je weiter sie von ihrem Bauer entfernt sind.

Verwaisung: Verlust der ursprünglich möglichen Deckung durch ein oder zwei Bauern, namentlich in bezug auf ein Feld oder einen Bauer; die Formation a5, b3, c4, e5, g2, h3 gegen a6, b7, c5, e6, g6, h7 weist eine ganze Reihe verwaister sowie halb-verwaister Felder und Bauern auf, z. B. d4 und Be5 auf Seite von Weiß, sowie d6, f6 und Bb7 auf Seite von Schwarz. Die Bedeutung der Verwaisung ist grundsätzlich eine negative, hängt jedoch dem Grade nach von der Stellung der Figuren ab.

Widder: Bauer und Gegenbauer, die sich gegenseitig festgerannt haben, z. B. d4, e5 gegen d5, e6; Widder verstopfen die Stellung und sind daher grundsätzlich ein Werkzeug passiver Verteidigung (s. Hebel sowie Spannen).

Emanuelisch

Janowski

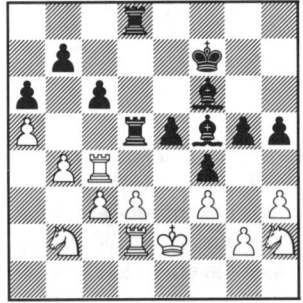

Dr. Em. Lasker

Die Diagrammstellung ereignete sich in der Partie Emanuel Lasker—Janowski des Turniers zu New York 1924. Weiß steht elend; eigentlich ist er auf Td2—d1—d2 usw. angewiesen, aber das hieße abwarten, bis einer der Durchbrüche c6—c5, g5—g4 oder e5—e4 die Entscheidung bringt. Schrecklich. Wie Tartakower uns erzählte, zeigte jedoch Lasker keine Spur von Verlegenheit; er drehte sich gemächlich nach links, schlug ein Bein übers andere, steckte sich eine neue Zigarre an und spielte, ohne sich lange zu besinnen, mit fester Hand den folgenden Zug.

40. Ke2—d1

Der Zug ist ebenso ungenügend wie jeder andere, aber er wirkt überraschend. Was soll die kampflose Preisgabe des Bd3 bedeuten?

40. ...   Kf7—e6?

120

Die Überraschung hat gewirkt. Janowski, durch langjährige trübe Erfahrungen mit dem Doktor gewitzt, glaubt zu erkennen, was dieser im Schilde führt: 40. . . . . L×d3 41. S×d3, T×d3 42. T×d3, T×d3†
43. Kc2, und nun hat der Td3 keinen starken Zug; nach 43. . . . . Te3 44. Te4, T×e4 45. f×e, und ebenso nach 43. . . . . Td8 44. Sf1, g4 45. h×g, h×g 46. Sd2 leidet Schwarz auf der Königsseite an Leukopenie, wodurch es sehr schwierig wird, den Mehrbauer zur Geltung zu bringen. Diese Überlegung ist jedoch insofern irrig, als 43. . . . . e4! den Turm deckt und den Vorteil von Schwarz festhält (44. f×e, Tg3!; oder 44. Sf1, e×f! 45. K×d3, f×g).

Hatte auch Lasker das nicht vorausgesehen? Eine müßige Frage; er hat jedenfalls nicht gewartet, bis sein Gegner kaum noch etwas übersehen konnte.

41. Kd1—c2 . . . .

Nun deckt der König sowohl d3 wie c3, wodurch Weiß vorläufig das Ärgste überstanden hat. Aber schlecht steht er noch immer.

41. . . . . Lf6—e7
42. Sh2—f1 c6—c5!

Dieser Durchbruch sollte, wie Aljechin im Turnierbuch ausführt, noch immer zum Gewinn ausreichen.

Aber Janowski, damals schon todgeweiht, beging in der Folge noch mehrere kleine Fehler und schließlich einen großen, wodurch er die Partie sogar noch verlor.

Wir benützen dieses Beispiel nur als Vorspiel zu dem nächsten.

Euwe

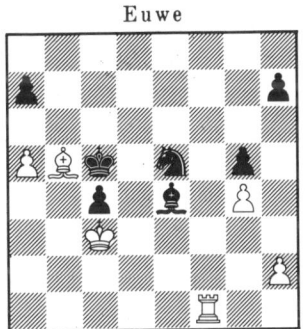

Aljechin
Nach 41. Le8×b5!

Diese Stellung stammt aus einer Partie Aljechin—Euwe; und zwar der 15. des Wettkampfes um die Weltmeisterschaft 1935.

Der letzte Zug von Weiß, obzwar versiegelt, war so gut wie erzwungen und daher ein offenes Geheimnis.

Es sieht aus, als hätte Weiß wegen der Hinfälligkeit seiner Bauern kaum Aussichten auf Gewinn, aber der Schein trügt; wie Euwe im Matchbuch ausführt, ist der Vorteil des Anziehenden trotzdem entscheidend. Diese Ausführungen sollen uns hier nicht näher beschäftigen; wir wollen nur vorführen, wie der brave Schulmeister (heute allerdings ein Hochschul-Professor) seinen gewaltigen Gegner auf emanuelische Art „beschwindelt".

Es folgte:

41.	Le4—d3

Bei anderen Fortsetzungen, insbesondere auch nach 41. .... K×b5 42. Te1, hat Weiß leichteres Spiel. Euwe gibt hierzu viele Varianten.

42. Tf1—e1	Se5—g6

Die naheliegenden Fortsetzungen 42. .... K×b5, 42. .... S×g4 und 42. .... Sf3 führen zwar alle zum Verlust, ergeben jedoch ein zum Teil recht verzwicktes Spiel und erforderten daher eine genaue Untersuchung.

Der unnatürlich erscheinende Rückzug des Springers ist zwar kaum besser, kommt aber dem Gegner offenbar unerwartet.

43. Lb5—a6?	....

Und schon bewährt sich auch hier die Überraschung; sie verwirrt sogar den scharfsinnigen Aljechin.

Wie Euwe angibt, bestand die richtige, schließlich zum Gewinn führende Fortsetzung in 42. La4!.

43.	Sg6—f4
44. La6—b7	....

Nun ist zwar 44. .... Sd5† praktisch verhindert, aber Weiß hat den Läufer zweimal gezogen und dadurch ein wichtiges Tempo verloren.

44.	Sf4—e2†
45. Kc3—d2	Se2—d4
46. Te1—e7	Kc5—b4
47. Lb7—e4	....

Das führt zwangsläufig zum Remis.

Die später aufgestellte Behauptung, daß 47. a6 gewonnen hätte, ist laut Euwe nicht beweiskräftig; es ergeben sich nur überaus verzwickte, auch für Weiß gefährliche Varianten.

47.	Ld3×e4
48. Te7×e4	Sd4—f3†
49. Kd2—e2	Sf3×h2
50. Ke2—f2	....

Auf 50. a6 folgt 50. ... Kb5.

Die allgemeine Lage ist nun die, daß Weiß zwar auf der Königsseite den Springer fangen kann, dann aber auf der Damenseite den Turm geben muß für einen der feindlichen Bauern. Einzelheiten hierzu gibt das Matchbuch.

50.	. . . .	a7—a6!
51.	Kf2—e2	. . . .

Bei 51. Kg2, Kb3! könnte Weiß sogar noch verlieren.
Nun folgte noch: 51. . . . . K×a5 52. T×c4, Kb5 53. Te4, a5 54. Te5†
Kb4 55. T×g5, a4 56. Kd3, a3 57. Kc2, a2 58. Kb2, a1D† 59. K×a1,
Kc3 (Schwarz erzwingt nun den mittelbaren Abtausch der letzten zwei
Bauern.) 60. Tg7, h6 61. Tg6, Kd3, Remis.

Scharfe Verteidigungen

Die Verteidigung wird heute im allgemeinen von Beginn an scharf
geführt. Schwarz bedient sich vorzugsweise unsymmetrischer Spielweisen,
die reich sind an Spannungen und Möglichkeiten aller Art. Gründliche
Vorkenntnisse und ein feiner Spürsinn für Verbesserungen sind erforderlich, um sich in einem Fahrwasser, wie das der Indischen Verteidigungen,
mit einiger Sicherheit zu bewegen.

Wir müssen uns mit dieser Feststellung begnügen; Eröffnungsfragen
liegen jenseits unserer Aufgabe.

Um jedoch anzudeuten, in welch verzwickte Probleme sich der Meister
heute mehr denn je vertiefen muß, seien hier drei kritische Varianten
aus dem Reiche der offenen Spiele erwähnt.

1. Die Jagdvariante der Spanischen

1.	e2—e4	e7—e5
2.	Sg1—f3	Sb8—c6
3.	Lf1—b5	a7—a6
4.	Lb5—a4	b7—b5
5.	La4—b3	Sc6—a5

Nach 5. . . . Sc6—a5

123

Diese alte, aber früher nur äußerst selten angewendete Verteidigung wurde erst von Taimanow richtig eingeführt, dann auch von Fischer und schließlich Evans übernommen.

Die Schärfe der Spielweise besteht darin, daß die Läuferjagd ein gefährliches Opfer herausfordert, nämlich 6. L×f7†, K×f7 7. S×e5†, Ke7 8. d4, De8. Der Zug 7 ... Ke7 wird vielfach Taimanow zugeschrieben und soll widerlegende Kraft besitzen. Hierzu ist allerdings zu bemerken, daß ein anderer Zug überhaupt nicht in Betracht kommt, und daß sich die Frage nach dem Wert des Opfers erst nach diesem Zug erhebt.

Wenn die drei genannten Großmeister, offenbar nach gründlicher Prüfung der Stellung, zu dem Schluß gekommen sind, das Opfer sei ungenügend, so darf mit ziemlicher Sicherheit angenommen werden, daß dem so ist. Immerhin ist denkbar, daß andere Großmeister anderer Ansicht sind. An beweiskräftigen Partien herrscht großer Mangel; einige wenige zeigen zwar, daß Weiß im scharfen Angriff nicht durchdringt, es gibt jedoch keine Partie, die Aufschluß geben würde über die Aussichten, falls sich Weiß auf die geduldige Verwertung seiner Bauern verlegt.

Diese Verteidigung, man kann sie Jagdvariante nennen, um dem Kind einen Namen zu geben, ist sehr wichtig; denn falls das Opfer nichts taugt, während der Abtausch des weißen Königsläufers tatsächlich den erstrebten Ausgleich ergibt, muß die Spanische Partie viel von ihrem Angriffswert verlieren. Indessen ist diese Verteidigung noch immer ungebräuchlich, denn sie erfordert Kenntnisse, die vorläufig das Geheimnis einiger Spezialisten sind.

2. Die Marshall-Verteidigung der Spanischen

1. e4, e5 2. Sf3, Sc6 3. Lb5, a6 4. La4, Sf6 5. 0—0, Le7 6. Te1, b5 7. Lb3, 0—0 8. c3, d5 (Marshalls Gambitzug.) 9. e×d, S×d5 (Die gebräuchliche Fortsetzung. Viel seltener geschieht 9. .... e4.) 10. S×e5, S×e5 11. T×e5, c6 (Der heutzutage fast allein gebräuchliche Zug.)

Nach 11. .... c7—c6

Die nun erreichte Stellung pflegte zu Marshalls Lebzeit nur gelegentlich vorzukommen, heute jedoch ereignet sie sich häufig, und um ihre Beurteilung wogt seit etwa zwanzig Jahren ein erbitterter Kampf hin und her. Es war insbesondere das Verdienst einiger Sowjet-Größen, daß dieses Gambit in die Familie der olympischen Eröffnungen aufgenommen wurde. Spassky, in seinem Wettkampf gegen Tal, 1965, hat das Marshall-Gambit mehrfach angewendet, ohne daß es Weiß gelungen wäre, daraus Vorteil zu ziehen.

Die Diagrammstellung ist überaus reich an Möglichkeiten, wodurch kleine Neuerungen für und wider an der Tagesordnung sind. Jedenfalls bleibt Schwarz vorläufig in der Führung, und manche Spieler, auch solche erster Ordnung, erblicken darin einen genügenden Ersatz für den Bauer. Viele andere Spieler müssen diese vielleicht überscharfe Verteidigung gut kennen, falls sie die Absicht haben, Spanisch zu spielen; Marshalls Gegenangriff ist derart weitgehend untersucht, daß sich kaum jemand darauf verlassen kann, ihm aus dem Stegreif entsprechend zu begegnen.

3. Die klassische Verteidigung im Springergambit

1.	e2—e4	e7—e5
2.	f2—f4	e5×f4
3.	Sg1—f3	g7—g5

Das ist sie. Früher allgemein üblich, geriet sie in Verruf, als Rubinstein im Kieseritzky-Gambit Verstärkungen für Weiß entdeckte; seit etwa 1920 wurde anstelle des Textzuges lange Zeit hauptsächlich 3. . . . . d5 gezogen — die moderne Verteidigung, wie man sie aus Verlegenheit nennt.

Gegenwärtig hat sich jedoch das Ansehen von 3. . . . . g5 wieder stark gehoben; es mag sein, daß diese schärfste Verteidigung auch überhaupt die beste ist; der diesbezügliche Beweis ist beinahe geschlossen.

Was die Vorbereitung von g7—g5 mittels 3. . . . . h6 (Becker) oder 3. . . . . d6 (Fischer) anbelangt, sei bemerkt, daß beide Züge den Zweck haben, das Kieseritzky-Gambit zu vermeiden; indessen besteht gegen 3. . . . . h6 laut Keres die Einwendung, Weiß erlange mittels 4. d4, g5 5. h4, Lg7 6. h×g, h×g 7. T×h8, L×h8 8. g3 einen aussichtsreichen Angriff.

4.	h2—h4	. . . .

Nach 4. Lc4 ergeben sich in der Hauptsache die folgenden drei Gambite:

1. 4. . . . . g4 5. 0—0, g×f 6. D×f3; das Muzio-Gambit; hier setzt sich Schwarz etwas mutwilligerweise einem heftigen Angriff aus; neue Erfahrungen liegen nicht vor;

2. 4. .... Lg7 5. d4, d6 6. c3, h6;

2a. 7. 0—0; das Hanstein-Gambit; hier spielt Weiß mit dem Feuer; seine ohnehin trüben Aussichten haben sich durch die Untersuchungen von Fischer weiter verdüstert; Fischer hält das übliche 7. .... Sc6 für gut genug, bevorzugt jedoch 7. .... Se7; die sodann mögliche bekannte Remiswendung 8. g3, g4 9. Sh4, f3 10. S×f3, g×f 11. L×f7†, K×f7 12. D×f3†, Kg8 13. Df7†, Kh7 14. Tf6, Sf5 15. Dg6† usw. vermeidet Fischer vorteilhaft wie folgt: 8. .... d5 9. e×d, f×g 10. h×g, 0—0 11. Db3, Dd6;

2b. 7. h4; das Philidor-Gambit; dieses überaus selten gespielte Gambit ist wohl besser als das Haustein-Gambit; laut K e r e s dürfte es ungefähr gleiche Aussichten bieten.

4.	g5—g4
5. Sf3—e5	....

Das Kieseritzky-Gambit (welches allerdings schon vor K i e s e r i t z k y s Zeit bekannt war).

Das Allgaier Gambit (5. Sg5, h6 6. S×f7) gilt nach wie vor als ungesund, obwohl Weiß einen gefährlichen Angriff erlangt.

5.	Sg8—f6

Eine gute Entgegnung.

Die nun erreichte Stellung, von welcher Rubinstein annahm, sie sei aussichtsreich für Weiß, ereignete sich seither in zwei wichtigen Partien. und zwar

1. R o b e r t B y r n e — K e r e s, Moskau 1955; aus dieser Partie, die nach 6. Lc4 auf ein Nebengeleise führte, geht jedenfalls hervor, daß K e r e s bereit war, dem von R u b i n s t e i n bevorzugten 6. d4 gebührend zu begegnen;

2. S p a s s k y — F i s c h e r, Buenos Aires 1960; in dieser Partie wendet Spassky, gegenwärtig wohl der beste Kenner des Königsgambits, das von Rubinstein empfohlene 6. d4 an, gerät jedoch in Schwierigkeiten, als Schwarz einem von Keres angedeuteten Aufbau folgt.

6. d2—d4	....

Diesen früher wenig beachteten Zug hielt R u b i n s t e i n für den stärksten.

Wir folgen nun der Partie S p a s s k y — F i s c h e r (die sicherlich noch den Gegenstand weiterer Untersuchungen bilden wird).

6.	d7—d6
7. Se5—d3	Sf6×e4
8. Lc1×f4	Lf8—g7
9. Sb1—c3	Se4×c3
10. b2×c3	c7—c5

Fischer

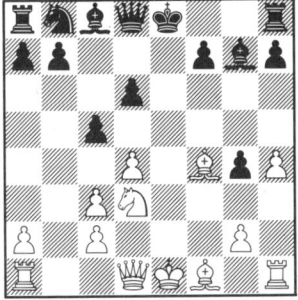

Spassky

Nach 10. ... c7—c5

Vielleicht genauer als das von Keres angegebene 10. ... 0—0, drohend
11. .... c5.
Der siebzehnjährige Fischer zeigt hier jedenfalls ein fabelhaftes
Wissen und Verständnis.

11.	Lf1—e2	c5 × d4
12.	0—0	Sb8—c6
13.	Le2 × g4	0—0
14.	Lg4 × c8	Ta8 × c8
15.	Dd1—g4	f7—f5
16.	Dg4—g3	d4 × c3
17.	Ta1—e1	Kg8—h8
18.	Kg1—h1	Tf8—g8

Schwarz steht gut; er droht mittels 19. ... Lf6 (19. .... Le5 20.
S × e5!) zum Gegenangriff zu schreiten und in diesem Zusammenhang
auch seinen sonst schwachen Mehrbauern Geltung zu verschaffen.

19.	Lf4 × d6	....

Weiß muß zugreifen, denn er braucht das Feld e5.

19.	....	Lg7—f8?

Der erste einer Reihe von schwachen Zügen, wodurch die Partie
ihre Beweiskraft verliert. Sie sollte beweisen, daß Schwarz ein gutes
Spiel hat, und das wäre nach 19. ... Ld4 der Fall; auf 20. Se5 oder
20. Dh2 folgt dann 20. .... Df6.
Wir bringen den Rest der Partie nur in Kürze: 20. Le5†, S × e5
(Besser Lg7.) 21. D × e5†, Tg7 (Besser Lg7.) 22. T × f5!, D × h4† 23. Kg1,
Dg4 24. Tf2, Le7 (Besser Dd7.) 25. Te4, Dg5 (Besser Dd7 oder Dg6.)
26. Dd4, Tf8 (Besser Lf8, aber Schwarz stand jedenfalls schon sehr
schlecht. Nun verliert er den Läufer.) 27. Te5!, Td8 28. De4, Dh4 29.
Tf4, Schwarz gibt auf.

127

Widerstandskraft

Hier folgen zwei Beispiele, in denen zwei noch sehr junge Spieler eine für ältere Begriffe geradezu unglaubliche Widerstandskraft an den Tag legen. Tiefgründiges, für das Zeitalter bezeichnendes Wissen weist ihrer großartigen Begabung die Wege.

Fischer

Petrosjan
Nach 31. Th1—h5

Die Stellung ereignete sich in der Partie Petrosjan—Fischer des Interzonen-Turniers zu Portorož, Jugoslawien, im Jahre 1958.

Schwarz steht nicht gerade auf Verlust, aber die Vereinzelung seiner zwei Bauern auf der Königsseite bereitet ihm große Sorgen. Robert (Bobby) Fischer, der damals erst fünfzehnjährige Wunderknabe, verteidigt sich mit einer Geschicklichkeit, die eines Weltmeisters würdig wäre.
Es folgte:

	31.	Ld7—e8!

Treibt den Turm zurück, denn 32. S×f5†? scheitert an 32. .... T×f5! 33. T×f5, Lg6 34. g4, L×f5 35. g×f, Kf6, wonach Schwarz stark im Vorteil wäre.

32. Th5—h2	Le8—d7
33. Th2—h1	Tf8—h8
34. Se3—c2	Kg7—f6
35. Sc2—d4	Kf6—g7
36. Ld3—e2	Se7—g8
37. b3—b4	....

Der Durchbruch auf der Damenseite, gerade in diesem Augenblick unternommen, bildet eine neue Gefahr für Schwarz.

37.	Sg8—f6!

128

Fein pariert. Falls nun 38. b×a, Se4† 39. Kg2, b×a 40. Tb1, Se5
geschieht, so befindet sich eher Schwarz im Vorteil, und zwar wegen
seines besseren Läufers.

Es folgte weiter: 38. Ld3, a×b 39. a×b, Kg6 40. Ta1, Sg4† 41. Ke2,
Te8† 42. Kd2, Sf6 43. Ta6, Tb8 44. Ta7, Te8 45. c5! (Indem Weiß sein
Hebelunternehmen auf der Damenseite fortsetzt, bleibt er noch immer
stark in der Führung.) 45. .... b×c 46. b×c, d×c 47. Sf3!, Kf7! 48.
Se5†, Ke7 49. S×d7, S×d7 50. L×f5, Tf8 51. g4, Kd6 52. L×d7, K×d7
53. Ke3, Te8† 54. Kf3, Kd6 55. Ta6†, K×d5 56. T×h6 (Endlich hat
Weiß etwas Klares erreicht: zwei verbundene Freibauern. Aber Schwarz
ist vermöge seiner besseren Königsstellung noch immer in der Lage,
sich zu behaupten, wenn auch äußerst knapp. Der Kampf bleibt spannend
bis zum letzten Zug.) 56. .... c4 57. Th1, c3 58. g5, c5! 59. Td1†, Kc4
60. g6, c2 61. Tc1, Kd3 62. f5, Tg8! 63. Kf4, Kd2 64. T×c2†, K×c2 65.
Kg5, c4 66. f6, c3 67. f7, Remis, denn es folgt 67. .... T×g6† 68. K×g6,
Kb2 69. f8D, c2, und das steht schon im Buch.

Pfleger

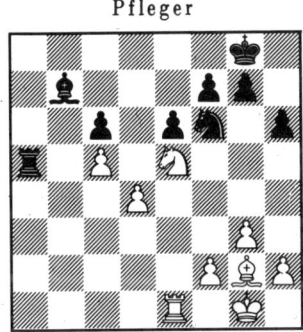

Stein

Nach 29. Sf3—e5

Dieses Beispiel entnehmen wir der Partie Stein (Sowjetunion) gegen
Pfleger (Westdeutschland), welche 1964 im Zuge der Schacholympiade
zu Tel Aviv gespielt wurde.

Schwarz befindet sich wegen seines schlechten Läufers sowie der
Schwäche des Bc6 in schwieriger Lage, er löst jedoch seine Aufgabe mit
erstaunlicher Leichtigkeit.

Es folgte:

29. ....   Sf6—d5!

Der einzige Zug, denn bei 29. .... Ta6 30. Tb1 wäre der Vorteil
von Weiß bereits entscheidend.

Aber ist der gespielte Zug viel besser? Wie sieht es denn aus nach 30. L×d5, wenn Weiß seinen Springer behält gegen den schlechten Läufer? Eine solche Abwicklung ist gewöhnlich entscheidend.

30. Te1—b1   ....

Weiß läßt sich nicht beirren. Beide Spieler haben erkannt, daß mit 30. L×d5, e×d 31. Tb1 nichts Klares zu erreichen ist, und zwar wegen 31. ... f6!!; zieht dann der Springer, so folgt 32. .... La6 mit starkem Gegenspiel. Die Überlegenheit des Springers über den schlechten Läufer kommt bei Anwesenheit der Türme nicht zur Geltung, hauptsächlich, weil der Bd4 schutzbedürftig ist.

Schwieriger zu beurteilen ist allerdings das Turmendspiel nach 32. T×b7, f×e 33. d×e, T×c5 34. f4 (34. e6 ist verfrüht wegen 34. .... Tc1† 35. Kg2, Te1). Auf die überaus verzwickten Möglichkeiten, welche dieses Endspiel bietet, können wir hier nicht näher eingehen; Weiß hat etwas Führung, es scheint uns jedoch, daß 34. ... g6 zur Verteidigung genügt, z. B. 35. e6, Tc1† 36. Kf2, Tc2† 37. Kf3, Tc3† 38. Ke2, Tc4!.

Weiß vermeidet es, sich auf dieses Geschäft einzulassen, erzielt jedoch überhaupt nichts.

30. ....   f7—f6!!

Auch hier bildet dieser feine Zwischenzug den Schlüssel zur Verteidigung.

31. Se5—c4   Ta5—a4!

Nur der Gegenangriff hilft.

32. Lg2—h3   f6—f5
33. Lh3—f1   ....

Auf 33. Se5 kann 33. .... Tb4 folgen. Solange Schwarz den Turm oder den Springer behält, wenn schon nicht beide, ist er imstande, Bd4 zu bedrohen und damit das Gleichgewicht aufrechtzuhalten.

33. ....   Lb7—a6

Nun ist der Abtausch des schlechten Läufers gesichert, und Schwarz hat nichts mehr zu befürchten.

34. Sc4—e5   ....

Mit Recht vermeidet Weiß das passive 34. Tc1. Nun aber kommt es zum mittelbaren Abtausch von Bd4 gegen Bc6, wodurch sich alles in Wohlgefallen auflöst.

34. ....   La6×f1
35. Kg1×f1   Ta4×d4
36. h2—h4   ....

Droht 37. Tb8†, Kh7 38. h5 mit Mattangriff, so daß 36 .... Se7 ein schwacher Zug wäre. Aber die Drohung läßt sich leicht abwehren.

Es folgte noch: 36. .... Sf6! 37. Tb8†, Kh7 38. S×c6, Tc4 39. Sd8, Tc1† 40. Kg2, T×c5 41. S×e6, Tc2 42. Sd4, Tc5 43. Tb7, Te5, Remis.

Gegenangriff

Eine jener neueren Verteidigungen, denen der Gedanke an scharfes Gegenspiel zugrunde liegt, ist die Grünfeld-Indische.

In der nachstehenden Partie handhabt ein dreizehnjähriger Junge diese Waffe mit unerhörter Genialität.

Donald Byrne—Robert (Bobby) Fischer
(Drittes Rosenwald-Turnier, New York 1956)

1.	Sg1—f3	Sg8—f6
2.	c2—c4	g7—g6
3.	Sb1 —c3	Lf8—g7
4.	d2—d4	0—0
5.	Lc1—f4	d7—d5
6.	Dd1—b3	d5×c4
7.	Db3×c4	c7—c6
8.	e2—e4	Sb8—d7
9.	Ta1—d1	Sd7—b6
10.	Dc4—c5	....

Um zu vermeiden, daß Schwarz nach 10. Db3, Le6 11. Dc2 mittels 11. .... Lc4 einen erleichternden Abtausch erzielt. Der geschehene Zug ist jedoch etwas gekünstelt.

10.	....	Lc8—g4
11.	Lf4—g5	....

Wieder etwas gekünstelt; mehr natürlich ist 11. Le2.

Immerhin erscheint es äußerst unwahrscheinlich, daß die zwei leicht gekünstelten Züge böse Folgen haben sollten. Aber der Schein trügt.

Fischer

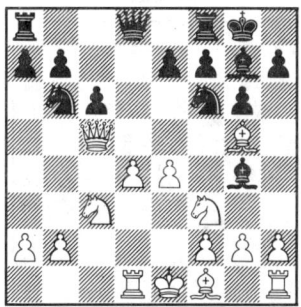

Donald Byrne
Nach 11. Lf4 – g5

11.	....	Sb6—a4!!

Eine sehr überraschende und ebenso originelle Kombination; sie brachte den ganzen Turniersaal in Aufregung und wird wohl noch lange weiterleben in der Geschichte des Schachspiels.

12. Dc5—a3　　　　　　　....

Die Ablehnung des Opfers ist das kleinere Übel.

Nach 12. S×a4, S×e4 gerät Weiß sofort in ein jämmerliches Gedränge, z. B. 13. D×e7, Da5† usw.; oder 13. L×e7, S×c5 14. L×d8, S×a4 usw.; oder endlich 13. Db4, S×g5 14. S×g5, L×d1 15. K×d1, L×d4 usw.

12.	....	Sa4×c3
13.	b2×c3	Sf6×e4!
14.	Lg5×e7	Dd8—b6!
15.	Lf1—c4	....

Auch die Annahme des neuerlichen Opfers ist ungünstig: 15. L×f8, L×f8 16. Db3, S×c3!, mit entscheidendem Vorteil für Schwarz.

15.　　　　....　　　　　　　Se4×c3!

Die Einschaltung von 15. ..... L×f3, obwohl auch gut, ist unnötig.

16. Le7—c5　　-　　　　　....

Weiß will die gegnerische Kombination widerlegen.

Auf 16. D×c3 folgt 16. ... Tae8! mit vorteilhaftem Rückgewinn der Figur. Bei 16. .... Tfe8 könnte sich ein Unglück ereignen: 17. L×f7†!, K×f7? 18. Sg5†, Kg8 19. Dc4†, und Schwarz wird mattgesetzt.

16.　　　　....　　　　　　　Tf8—e8†

17. Ke1—f1　　　　　　　....

Nach 17. Se5, L×e5! 18. L×b6 gewinnt am einfachsten 18. .... Ld6†.

Jetzt aber scheint Schwarz in Verlegenheit zu sein; es droht ihm Figurverlust, und er kann sich auf 17. .... Sb5 nicht verlassen wegen 18. L×f7†!.

F i s c h e r

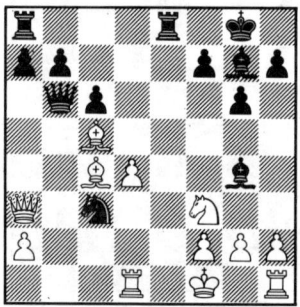

D o n a l d B y r n e
Nach 17. Ke1—f1

17.　　　　....　　　　　　　Lg4—e6!!

Die wunderschöne Lösung. Schwarz steht nun endgültig klar auf Gewinn.

> 18. Lc5×b6 ....

Die Hauptvariante. Die Nebenvarianten sind weniger glänzend, aber ebenso günstig für Schwarz; bei 18. L×e6 geht es schnell, denn es folgt 18. .... Db5† nebst Stickmatt; bei 18. D×c3, D×c5 geht es langsam aber sicher, und dasselbe ist nach 18. Ld3, Sb5 19. Db4, Dc7 der Fall (20. L×b5, c×b 21. D×b5?, b6!).

> 18. .... Le6×c4†
> 19. Kf1—g1 Sc3—e2†
> 20. Kg1—f1 Se2×d4†

Weiß ist, wenn wir so frei sein dürfen, uns eines alten Wiener Ausdrucks zu bedienen, in die „Watschenmaschine" geraten; die Ohrfeigen regnen abwechselnd auf ihn ein, und er muß stillhalten.

> 21. Kf1—g1 ....

Oder 21. Td3, a×b 22. Dc3, S×f3! usw.

> 21. .... Sd4—e2†
> 22. Kg1—f1 Se2—c3†
> 23. Kf1—g1 a7×b6

Genug des grausamen Spiels; Schwarz rechnet nun ab.

> 24. Da3—b4 Ta8—a4!
> 25. Db4×b6 Sc3×d1

Nun besitzt Schwarz überwältigenden Ersatz für die Dame. Es folgte noch: 26. h3, T×a2 27. Kh2, S×f2 28. Te1, T×e1 29. Dd8†, Lf8 30. S×e1, Ld5 31. Sf3, Se4 32. Db8, b5 33. h4, h5 34. Se5, Kg7 35. Kg1, Lc5† 36. Kf1, Sg3† 37. Ke1, Lb4† (Er gibt Matt in 5 statt des möglichen Matt in 4 beginnend mit 37. .... Te2†. Falls diese Feststellung beschämend ist, so höchstens für den Glossator.) 38. Kd1, Lb3† 39. Kc1, Se2† 40. Kb1, Sc3† 41. Kc1, Tc2 Matt.

Ist die vorhergehende Partie taktisch hinreißend, so wirkt die nachstehende nicht minder bezaubernd durch die wundervolle, höchst wissenschaftliche Strategie des Siegers.

Foguelman   Petrosjan
(Turnier zu Buenos Aires 1964)

> 1. e2—e4 c7—c5
> 2. Sg1—f3 d7—d6
> 3. d2—d4 c5×d4
> 4. Sf3×d4 Sg8—f6
> 5. f2—f3 ....

Eine selten gespielte Fortsetzung, weniger zu empfehlen als das übliche 5. Sc3.

5.	....	e7—e6

Bis vor kurzem galt hier nur 5. .... e5 als vollwertig. Der duobildende Textzug ist zwar wünschenswert, zieht aber die Gefahr der Einengung nach sich.

6.	c2—c4	....

Der sogenannte Maróczy-Aufbau; er zielt auf Einengung ab, hat jedoch in jüngster Zeit viel von seinem guten Ruf eingebüßt. Die Aufstellung von Weiß, mit den Eckpfeilern Bc4 und Be4, hat nämlich die Nachteile der Einfarbigkeit sowie der geringen Eignung für erfolgreiche Hebelbildung mittels c4—c5 oder e4—e5.

Schwarz dagegen hat drei Hebelpunkte zur Verfügung, nämlich b5, d5 und f5; nun ist zwar d5 gut bewacht, aber von den beiden anderen eignet sich, je nach der Abart des Maróczy-Aufbaus, bald der eine, bald der andere zu einem kräftigen Bauerndurchbruch.

Für die erfolgreiche Durchführung des Gegenspiels gibt es vorläufig nur wenige gute Beispiele.

6.	....	Lf8—e7
7.	Sb1—c3	0—0
8.	Se4—c2	a7—a6
9.	Lf1—e2	Lc8—d7
10.	Lc1—e3	Dd8—a5

Die Dame hat hier nichts zu suchen, sie geht nur dem Königsturm aus dem Wege. Das Gegenspiel hat begonnen. Schwarz verrichtet hier und in der Folge ein Wunderwerk an Harmonie.

11.	0—0	Tf8—c8
12.	Dd1—d2	....

Droht 13. Sd5 nebst Abtausch des wichtigen Le7. Daher der Gegenzug.

12.	....	Sb8—c6
13.	Tf1—d1	Ld7—e8!
14.	Ta1—c1	Le7—f8!

Zwei feine Züge. Der eine Läufer hat d7 für den Springer geräumt, bleibt aber auf den Hebelpunkt b5 gerichtet; der andere hat sich zurückgezogen, um einem bestimmten taktischen Witz vorzubeugen.

15.	Sc2—d4	Sf6—d7
16.	Sd4—b3	Da5—c7

Das kann er sich nun leisten, da 17. Sd5 wegen 17. .... Dd8 lediglich ein Tempo verliert. Die Bedeutung von Le7—f8 zeigt sich.

17.	Sc3—a4	....

Weiß hat alle Figuren entwickelt; da ihm jedoch kein guter Hebel zur Verfügung steht, kann er nichts Rechtes unternehmen. Abwartendes

Verhalten ist vorläufig geboten, aber zu diesem Zwecke sind 17. De1 oder 17. Lf1 besser geeignet als der nur zeitvergeudende Textzug.

	17.	....	b7—b6
	18.	Sb3—d4	....

Auch dieser Springer hat mit seinen sechs Zügen nicht viel geleistet.

	18.	....	Sc6×d4
	19.	Le3×d4	Dc7—b7

Nun droht bereits der kritische Gabelzug: b6—b5.

	20.	Sa4—c3	Sd7—e5!
	21.	b2—b3	....

Spielt Weiß hier oder im folgenden Zuge L×e5, so eröffnet er insbesondere dem feindlichen Königsläufer eine glänzende Zukunft.

	21.	....	b6—b5!

Mit dem Durchsetzen dieses Zuges hat Schwarz jedenfalls das bessere Spiel erlangt.

Petrosjan

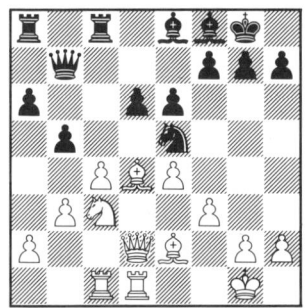

Foguelman
Nach 21. ... b6—b5!

	22.	c4—c5?	....

Ein Versuch, den feindlichen Hebelzug taktisch zu widerlegen, der jedoch scheitert.

Am besten, und wahrscheinlich genügend das Spiel zu halten, ist 22. f4 (22. .... Sc6 23. Le3).

	22.	....	Se5—g6!

Nun folgt auf den großartigen strategischen Abschnitt ein reizender von taktischer Art.

	23.	c5×d6	Lf8×d6
	24.	Ld4—e3	....

Die ungedeckte Stellung des Ld6 läßt sich nicht ausnützen; auf 24. L×g7? gewinnt nämlich 23. .... Lf4! 25. Dd4, e5 (nicht aber 24. .... Lc5†? 25. Ld4, Td8, weil 26. L×c5! usw. eher für Weiß günstig ist).

Etwas besser als der Textzug und vielleicht noch ausreichend ist jedoch 24. Sb1.

24.	....	Ld6—a3!
25.	Tc1—c2	....

Hier steht der Turm auf einem schwächer gedeckten Feld, wodurch Schwarz in der Lage ist, den Sc3 nicht nur schräg, sondern auch senkrecht zu fesseln.
Aber die zwei anderen Turmzüge sind erst recht aussichtslos, und zwar 1. 25. Tb1, Dc6! (genauer als 25. .... Dc7) 26. Ld4, c5 und gewinnt (was nicht der Fall wäre, wenn 27. Sd5 mit Angriff auf die Dame folgen könnte);
2. 25. Ta1, Lb4 26. Tac1, Dc6! 27. Ld4, e5, ebenfalls mit Gewinn.

25.	....	La3—b4
26.	Dd2—c1	....

Das verliert einen wichtigen Bauer, aber es gibt nichts Besseres; Turmzüge scheitern auf die bereits ausgeführte Art (26. Tcc1, Dc6 usw. oder 26. Tdc1, La3 nebst 27. .... Dc6 usw.).

26.	....	Db7—c7!
27.	Le3—d2	....

Sonst kommt es noch ärger (27. Td3, Se5! oder 21. Ld4, e5!).

27.	....	Lb4—d6!

Der entscheidende Witz des taktischen Abschnitts; es droht in erster Linie 28. .... b4, wodurch Weiß gezwungen ist, den Bh2 aufzugeben.

28.	Le2—d3	Ld6×h2†
29.	Kg1—h1	Dc7—e5
30.	Sc3—e2	De5—h5!
31.	Se2—g1	....

Nach 31. T×c8 wird Weiß mattgesetzt: 31. .... Lg3† 32. Kg1, Dh2† 33. Kf1, Sh4! usw. (34. Sf4, L×f4).
Der geschehene Zug ermöglicht noch zähen Widerstand, doch gehört der technische Teil der Partie nicht mehr zu unserem Thema. Es folgte noch:
31. .... Lg3† 32. Sh3, Ld7 33. Lf1, T×c2 34. D×c2, Tc8 35. Dd3, Sf8 36. Lb4, e5! 37. L×f8, L×h3 38. g×h, T×f8 (Ungleiche Läufer besitzen oft ausgleichende Kraft, nicht aber unter Umständen wie hier, wo Schwarz dank der Anwesenheit von Schwerfiguren sowie der geschwächten Stellung des feindlichen Königs ständig mit allerlei Drohungen arbeiten kann.) 39. De2, Dg6 40. Td3, Lf4 41. Dg2, Dc6 42. Td1, h5 43. h4. g6 44. Ld3, Kg7 45. Df1, Df6 46. Df2, Td8 47. Lc2, Tc8 48. Ld3, Tc3 49. De1, Dc6 50. Kg2? (Kostet eine Figur, wodurch Weiß das auf die Dauer unhaltbare Spiel sofort verliert.) 50. .... T×d3! Weiß gibt auf.

Technik

Die Technik, das rein wissenschaftliche Schach, dient gewöhnlich der Ausnützung irgendeines Vorteils oder der Behauptung des Gleichgewichts. Das sind, wenigstens bis zu einem gewissen Grade, Aufgaben der Verteidigung.

In den letzten Jahrzehnten hat sich die Technik im allgemeinen stark gehoben; wir könnten dies mit zahlreichen Beispielen belegen, müssen uns aber mit zweien begnügen.

Tal   Olafsson

(Turnier zu Zürich 1959)

Diese Partie zeigt etwas Neues und sehr Seltenes, nämlich das erfolgreiche hebelbildende Vorgehen gegen den hängenden Damenbauer. Die Erscheinungsformen dieses Bauern sind d4 gegen e6 oder c6, und d5 gegen e7 oder c7 — alles natürlich auch mit vertauschten Farben. Die Vor- und Nachteile des hängenden Bauern bringen es mit sich, daß es in manchen Fällen dieser Art nur Ansichtssache wird, ob man diesen oder jenen Teil als Angreifer oder Verteidiger zu betrachten hat. Jedenfalls müssen aber beide Teile damit rechnen, daß der hängende Bauer den starken Drang besitzt, hebelbildend und mit Vorteil vorzurücken.

Es kann sich jedoch auch der unwahrscheinliche Fall ereignen, daß der Wächter des hängenden Bauern hebelbildend und vorteilhaft gegen diesen vorrückt. Wir beobachteten dies zum erstenmal in einer Partie Lundin—Stahlberg; Weiß hätte den hängenden sBd5 in der üblichen Weise belagern können, er tauschte ihn aber mittels e3—e4 ab, erzielte dadurch eine günstige Linienöffnung und gewann. Ein neues Strategem? Wir glauben diese Frage bejahen zu dürfen, auch wenn sich herausstellen sollte daß, wie alles, auch dieses schon dagewesen ist.

Hat der hängende Bauer die Mittellinie überschritten, so liegt es näher, ihn hebelbildend anzugreifen, besonders wenn für diesen Zweck der c-Bauer verfügbar ist, dessen Vorrücken, im Gegensatz zum e-Bauer, die Lage auf der Königsseite nicht berührt. Die hier folgende Partie beleuchtet diesen grundsätzlich einfachen Fall.

1. e4, c5 2. Sf3, e6 3. d4, c×d 4. S×d4, Sf6 5. Sc3, Sc6 6. Sdb5, Lb4 7. a3 L×c3† 8. S×c3, d5 9. e×d, e×d (Eine alte, umstrittene Variante. Der vereinzelte Bauer einerseits und das Läuferpaar andererseits scheinen Weiß zu begünstigen, aber es mangelt an diesbezüglichen Beweisen. Diese Partie bestärkt aber jedenfalls den bestehenden Verdacht.) 10. Ld3, 0—0 11. 0—0, h6 12. Lf4, d4 (Er sollte lieber 12. . . . . a6 einschalten.) 13. Sb5, Sd5 14. Lg3, Le6 15. Te1, Dd7 17. h3, a6 17. Sd6, Sf6 18. Df3, Kh8 19. Tad1, Sh7.

Olafsson

Tal

Nach 19. ... Sf6—h7

Die kritische Stellung. Man glaubt ganz gern, daß Weiß besser steht, möchte aber doch wissen, ob das mehr ist als bloße Theorie. Nun, hier kommt die Antwort.

20. Ld3×h7!		....

Und das soll gut sein? Es ist sehr gut!

20.		Kh8×h7
21. c2—c3!		....

Das Ei des Kolumbus; der Hebel gegen den hängenden Bauer verhilft den weißen Figuren zu einer Gesamtwirkung, die sich bald als entscheidend erweist.

21.		d4×c3
22. Sd6—e4		Dd7—c8

Die Falle 22. .... Sd4?, berechnet auf 23. D×c3?, Se2†!, scheitert an 23. Dd3!

23. Df3×c3		....

Nun droht die siegreiche Rückkehr des Springers: 24. Sd6!, worauf Schwarz einen Bauer preisgeben müßte (24. .... Dd8), um nicht die Dame zu verlieren (etwa 24. ... Dc7 25. Sf5!).

23.		Sc6—e7

Auf 23. ... De8, mit der Absicht 24. Sd6, De7 25. Sf5, Dg5, folgt wie in der Partie 24. Sc5, mit überlegenem Spiel. Dasselbe ist auch nach 23. .... Sd8 24. Sc5 der Fall.

24. Se4—c5		Se7—f5
25. Lg3—c7!		....

Geschickt und wirksam entzieht sich der Läufer dem Abtausch (25. .... D×c7? 26. S×e6, D×c3 27. S×f8†!).

25.		b7—b5
26. Sc5×e6		f7×e6
27. Dc3—c6!		....

138

Droht sowohl 28. T×e6 wie 28. Td7 und gewinnt dadurch einen Bauer.

27.	....	Sf5—e7
28.	Dc6×e6	Dc8×c7
29.	De6×e7	....

Der entscheidende Vorteil ist klargestellt; er läßt sich jedoch nicht rasch verwerten.

Schwarz gab erst im 62. Zuge auf.

Das nachstehende Beispiel beleuchtet den häufigen Fall, wie eine Schwächung der Bauernstellung „fortzeugend Böses muß gebären". Der Sieger beginnt als Verteidiger, wird aber bald zum Angreifer, wenn auch nur im Stellungsspiel; seine technisch hervorragende Leistung ist nicht nur für ihn selbst bezeichnend, sondern auch für seine Generation.

N a j d o r f   A w e r b a c h
(Interzonen-Turnier in der Schweiz, 1953)

Damen-Indisch

1. c4, Sf6 2. Sf3, e6 3. g3, b6 4. Lg2, Lb7 5. 0—0, Le7 6. d4, 0—0 7. Sc3, Se4 8. Dc2, S×c3 9. b×c.

Ein selten gespielter, nicht ratsamer Zug. Geboten ist das übliche 9. D×c3. Najdorf weiß das natürlich, er ist jedoch des trockenen Tones satt und spielt auf Verwicklungen, hoffend, daß es ihm gelingen werde, die Schwächung seiner Bauernstellung durch überlegene Geschicklichkeit zu überwinden. Darin täuscht er sich aber.

A w e r b a c h

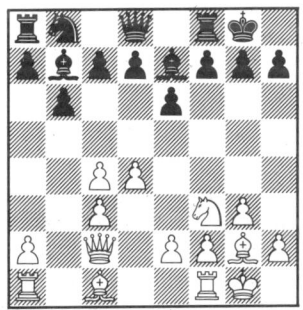

N a j d o r f
Nach 9. b2 × c3

9.   ....   Sb8—c6

Die beste Abwehr gegen die Drohung 10. Sg5, denn mit ihr ist die Absicht verbunden, dem Springer das ideale Feld a5 zu sichern.

In der Partie Réti—Sämisch, Breslau 1925, wurde wie folgt fortgesetzt: 9. .... Dc8 10. e4, d6 (Stärker 10. .... Sc6 nebst Sa5.) 11. Te1, Sd7 12. a4 (Weiß spielt auf Verwaisung des Bb6.) 12. .... Te8 13. a5, Tb8 14. Sd2, c6 15. a×b (Im richtigen Augenblick.) 15. .... a×b (Nun hat die ursprünglich schein-offene b-Linie im Zusammenhang mit dem verwaisten Gegenbauer sowie der offenen a-Linie vollen Wert erlangt, wodurch der Nachteil des Doppelbauern kaum noch in die Waage fällt.) 16. La3, Dc7 17. f4, c5 18. Dd3, Ta8 19. e5, L×g2 20. K×g2, d×e 21. f×e, Lf8 22. Df3, Tad8 (Das schwierige Spiel bietet ungefähr gleiche Aussichten, aber Weiß begeht nun einen groben Fehler.) 23. Tf1??, S×e5!, und Schwarz gewann.

| 10. Sf3—e5 | .... |

Auf 10. e4 (wie in der Réti—Sämisch-Partie) folgt wirksam 10. .... Sa5, etwa mit der Folge 11. Sd2, d6 12. Da4, De8.

Der geschehene Zug ist jedoch ebenfalls unbefriedigend.

Die verhältnismäßig beste Fortsetzung, welche wohl genügt, um größeren Nachteil zu verhindern, ist 10. Sd2, Sa5 11. L×b7, S×b7 12. Sb3. Damit ist die Rückkehr des feindlichen Springers nach a5 ausgeschaltet und der Bc4 auch insofern gesichert, als 12. .... c5 mit 13. d5 beantwortet werden kann, die c-Linie sperrend. Schwarz steht jedoch trotzdem gut, nur muß er es jetzt auf d7—d5 anlegen, beginnend mit 12. .... c6!; durch dieses weißfeldrige Vorgehen behält er jedenfalls den etwas besseren Läufer sowie die mehr gediegene Bauernstellung, gleichgültig, wie sich Weiß benimmt; eine der Möglichkeiten besteht in 13. e4, d5 14. c×d, c×d 15. e×d, D×d5, wobei Weiß mit hängenden Bauern übrigbleibt, ohne entsprechende Angriffsaussichten zu besitzen.

10.	....	Sc6—a5
11.	Lg2×b7	Sa5×b7
12.	Dd1—a4	d7—d6
13.	Se5—d3	....

Nach 13. Sc6, De8 hätte Weiß nichts Besseres als 14. S×e7†; er will jedoch seinen Springer behalten, um nötigenfalls den Bc4 decken zu können.

| 13. | .... | Sb7—a5 |
| 14. | c4—c5 | .... |

Er will den schädlichen Doppelbauer abschütteln, aber das läßt sich nur auf Kosten anderer Nachteile erreichen.

| 14. | .... | Dd8—e8! |
| 15. Da4×e8 | |

Zieht sich die Dame zurück, so folgt je nach den Umständen 15. .... Dc6 oder Db5 oder Tc8. Jedenfalls wird der Bc5 nicht getauscht, sondern so lange angegriffen, bis Weiß selber tauschen muß; und dann verbleibt

ihm ein rückständiger Schwächling auf des Gegners halb-offener Linie,
also Ba2 oder Bc3.

15.	....	Tf8×e8
16.	Ta1—b1	Te8—c8
17.	h2—h4	....

Eine Vorbereitung für Lf4. Wenn man aber in einer derartigen Lage
noch einen weiteren Bauer auf die Farbe des eigenen Läufers bringen
muß, so ist das ein böses Zeichen.

17.	....	d6—d5

Weißfeldrig! Damit erhöht der Nachziehende den Verhältniswert
seines Läufers.

18. Lc1—f4	f7—f6

Nun droht zwar noch nicht 19. .... b×c, worauf 20. Tb5 folgen
würde, wohl aber 19. .... Sc4 nebst 20. .... b×c und schließlich e6—e5.

19. Sd3—b4	....

Um 19. .... b×c vorteilhaft mit 20. Sa6 zu beantworten. Überhaupt
ist 20. Sa6 eine Drohung.

19.	....	a7—a6!
20.	c5×b6	....

Weiß ist mit seinem Latein zu Ende; er muß selber tauschen.

20.	....	c7×b6

Damit hat Schwarz positionell gesiegt. Sein Vorteil ist entscheidend.

Awerbach

Najdorf
Nach 20. . . . . c7 × b6

21. Lf4—d2?	....

Er macht es dem Gegner leicht.

Der schlechte Läufer ist im hohen Grade auf den Beistand des Springers
angewiesen, so daß 21. Sd3 versucht werden mußte.

21.	....	Sa5—c4
22.	Ld2—e1	Le7×b4!
23.	c3×b4	....

Nun ist Weiß in hoffnungslose Leukopenie versunken.
Es folgte noch: 23. ... Sa3 24. Tb3, Sb5 25. e3 Tc2 26. a4, Sd6 27.
a5, b5 28. Tc3, Tc8 29. T×c8†, S×c8 30. f3, Se7 31. Lf2, Kf7 32. Tb1,
Sf5 33. Kf1, Sd6 34. Tb3, Sc4 35. Kg2, f5 36. Tb1 (Es gibt keinen spiel-
baren Zug — außer 36. h5, was aber nur für den Augenblick hilft. Auf
36. g4 gewinnt 36. .... f×g 37. f×g, Sd2 nebst 38. .... Se4.) 36. ....
S×e3† 37. Kg1, f4! 38. g×f, Sf5 39. Kf1, g6 40. Tb3, Ke7 41. Tb1, Kd7.
Weiß gibt auf, denn er verliert einige Bauern, ohne daß sein Turm auf
c6, c7 oder c8 eindringen könnte.

Kampfgeist

Unsere letzte Partie zeigt, daß auch ein Weltmeister (Anatoli Karpov
wurde im Jahre 1975 zum Weltmeister erklärt, nachdem Robert Fischer
seinen Titel kampflos preisgegeben hatte) aus der Eröffnung heraus in
eine unhaltbare Lage geraten kann. Seine Klasse beweist er, wenn der
Gegner vom geraden Weg nur einen Fußbreit abweicht. Karpov rettete
sich gegen Portisch in einer scheinbar ausweglosen Lage und in einer sehr
wichtigen Partie: er benötigte das Remis, um sich den ersten Preis von
12 000 Dollar zu sichern.

Portisch — Karpov
(Eliteturnier Mailand 1975)
Nimzowitsch-Indisch — geänderte Zugreihenfolge

1. c4 Sf6 2. Sc3 e6 3. d4 Lb4 4. e3 c5 5. Ld3 0—0 6. Sf3 d5 7. 0—0 c×d
(Schwarz verschafft seinem Gegner einen vereinzelten Bauern auf d4.
Bei diesem Stellungstyp muß er sehr achtsam sein, denn der weiße Damenbauer unterstützt die kräftige Aufstellung der weißen Figuren und ver-
mag häufig durch sein Vorgehen eine Bresche in das schwarze Spiel zu
schlagen, indem er wichtige Linien öffnet.) 8. e×d d×c 9. L×c4 b6.
(Dem schwarzen Damenläufer wird so die lange Diagonale eingeräumt.
Ein Nachteil dieser Aufstellung ist der, daß der Läufer den Punkt e6
unbeobachtet läßt. Vorläufig ist das allerdings unbedenklich.) 10. Te1
Lb7 11. Ld3. (Die entstandene Stellung muß mit großer Genauigkeit
behandelt werden. Auf den naheliegenden Zug 11. Lg5 führte in einer
Partie Gligorić-Sosonko, Wijk aan Zee 1975, die Folge 11. ...Sc6 12. Ld3
Tc8 13. Tc1 Le7 14. Lb1 Sd5 15. Dd3 g6 16. Lh6 Te8 17. Dd2 Sa5 18. S×d5
L×d5 19. T×c8 D×c8 20. Df4 L×f3! 21. D×f3 Sc6 22. Td1 Dd7 23. Le3

Td8 24. Lc2 Sb4 25. Lb3 Sd5 zum Remis.) 11. ...Sc6 12. a3 Le7 13. Lc2!
(Es ist wichtig, den Turm a1 nicht zu verstellen, wie die Folge 13. Lb1 Tc8
14. Dd3 Te8 15. d5 e×d 16. Lg5 g6 17. T×e7 D×e7 18. S×d5 De1† zeigt.)
13. ...Te8. (Ein Vorschlag von Gligorić lautet 13. ...Tc8 14. Dd3 g6
15. Lh6 Te8 16. Tad1 a6 17. Lb3 Sa5 18. La2 L×f3!. Aber das wurde
bisher nicht erprobt.) 14. Dd3 Tc8 15. d5!
Obwohl Schwarz voll entwickelt ist, befindet er sich in großer Gefahr.
Der weiße Durchbruch beruht darauf, daß der Springer auf f6, der den
lebenswichtigen Punkt h7 schützen muß, aus seiner Verankerung gelöst
werden kann. Karpov war sich bewußt, daß er sich nun auf einem schwan-
kenden Seil befand und abzustürzen drohte.

Karpov

Portisch
Nach 15. d4—d5

15. ...   e6×d5
Sonst geht auf e6 ein Bauer verloren.
16. Lc1—g5!   Sf6—e4
Es drohte Tausch auf f6, und 16. ...g6 kam wegen 17. T×e7 nicht
in Betracht.
17. Sc3×e4   d5×e4
18. Dd3×e4   g7—g6
19. De4—h4
Daß der weiße Angriff sehr stark ist, haben schon andere Partien
bewiesen, in denen die gleiche Stellung vorgekommen ist. Die Spiele
Petrosjan-Balaschov, UdSSR 1974, und S. Garcia-Pomar, San Feliu de
Guixols 1975, führten nach 19. ...Dc7 20. Lb3! h5 21. De4 Kg7 22. L×f7!
K×f7 23. Lh6! rasch zum Gewinn.
19. ...   h7—h5
Damit, wenn ein weißer Springer nach g5 gelangt, nicht auch noch
h7 gedeckt werden muß.

20. Ta1—d1.

Gegen 20. Lb3, wie in den beiden Vorgängerpartien, hätte Karpov kaum standhalten können (zum Beispiel 20. ...Tc7 21. Df4). Aber auch Portischs Zug ist stark, wenngleich nach der erzwungenen Antwort für die weiße Dame das Feld f4 nicht mehr zur Verfügung steht.

20. ...   Dd8—c7

21. Lc2×g6.

Auf diese Opferwendung hatte der ungarische Großmeister vertraut. Karpov beweist nun, daß er die Kunst der Verteidigung beherrscht.

21. ...   f7×g6

Mit 21. ...L×g5 22. T×e8† T×e8 23. D×g5 f×g 24. D×g6† Kf8 25. Sg5 Te7 26. Se6† T×e6 27. D×e6 war Schwarz nicht zufrieden.

Karpov

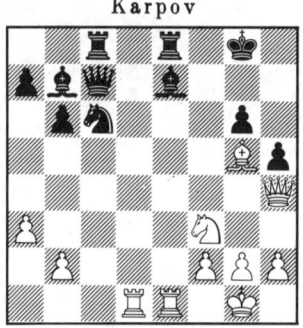

Portisch
Nach 21. f7×g6

22. Dh4—c4†.

Dabei übersah Portisch die rettende Ausflucht Karpovs im übernächsten Zug. Er hätte seinem Gegner mit 22. Te6! die Pistole auf die Brust setzen können. Eine ausreichende Verteidigung gegen die vielfältigen Drohungen ist nicht zu finden. Petrosjan hat 22. ...Tcd8 vorgeschlagen, aber italienische und deutsche Schachfreunde analysieren darauf mit 23. Tde1! L×g5 (23. ...Td6 24. De4 T×e6 25. D×e6† Kg7 26. Sh4! Dd6 27. D×d6 L×d6 28. T×e8 und Weiß gewinnt) 24. T× g6† Kf8! (24. ...Kf7 25. D×h5 T×e1† 26. S×e1 De7 27. T×g5† Ke6 28. Dh6† mit Gewinn für Weiß) 25. D×g5 T×e1† 26. S×e1 Se7 27. Df6† Ke8 28. De6 Kf8 29. Tf6† Ke8 30. Th6 Kf8 31. Th8† Kg7 32. Dh6† Kf7 33. Th7† Ke8 34. De6 mit undeckbarem Matt, eine scharfsinnige Zugfolge. Auch wenn Schwarz auf 22. Te6 sofort L×g5 spielt, schlägt 23. T×g6† Kf7 24. D×h5 durch. Den längsten Widerstand scheint 22. ...Kf7 zu leisten, wenngleich die Partie nach 23. Dc4

Kg7 24. De4 Se5 25. D×e5† D×e5 26. S×e5 kaum zu halten sein dürfte. Portisch mußte sich, anders als die Kritiker, am Brett entscheiden, und da ist es entschuldbar, daß er eine Spielweise wählte, die ihm klarer zu sein schien.

22. ...	Kg8—g7

23. Lg5—f4

Das war die Idee: die schwarze Dame hat keinen Zug.

23. ...	Lb7—a6!

Eine unerwartete Ausrede Karpovs (übrigens hätte 23. ...b5 nicht die gleichen Dienste geleistet, wie der 27. ...Zug von Schwarz zeigt).

24. Dc4—c3†	Le7—f6
25. Lf4×c7	Lf6×c3
26. Te1×e8	Tc8×e8
27. b2×c3	La6—e2!

Sichert den Ausgleich. Portisch willigte nach den weiteren Zügen 28. Te1 Tc8 29. T×e2 T×c7 30. Te6 Sd8 31. Te3 Kf6 32. Kf1 Se6 33. g3 g5 34. h3 Tc5 35. Sd2 Td5 36. Ke2 Sc5 37. c4 Td4 38. Te8 h4 39. Tf8† Ke7 40. Th8 h×g 41. f×g Td3 in das Remis ein. Kampfgeist ist die hervorstechende Eigenschaft des erfolgreichen Verteidigers.

Walter de Gruyter
Berlin · New York

M. Euwe
W. Meiden

Meister gegen Meister
14,7 × 21 cm. 193 Seiten. 135 Diagramme. 1981.
Kartoniert DM 26,– ISBN 3 11 007594 6

K. Richter
R. Teschner

Schacheröffnungen
Der kleine Bilguer · Theorie und Praxis
6., nach dem neuesten Stand der Theorie verbesserte Auflage.
Mit mehr als 100 ausgewählten Partien. 14,7 × 21 cm.
VIII, 234 Seiten. 1981. Kartoniert DM 26,– ISBN 3 11 008445 7

H.-H. Staudte
M. Milescu

Das 1 × 1 des Endspiels
Ein Lehr- und Lesebuch der Endspielkunst
Bearbeitet von Rudolf Teschner. 2., bearbeitete und erweiterte Auflage.
Mit mehr als 250 erläuterten Beispielen aus Partie und Studie.
14,7 × 21 cm. 188 Seiten. 1981.
Kartoniert DM 24,– ISBN 3 11 007431 1

A. Koblenz

Schachtraining
Der Weg zum Erfolg.
3., durchgesehene Auflage. Mit 232 Diagrammen. 14,5 × 21,0 cm.
VIII, 137 Seiten. 1981. Kartoniert DM 19,80 ISBN 3 11 008818 5

M. Euwe

Positions- und Kombinationsspiel im Schach
4., verbesserte Auflage. Mit 133 Diagrammen. 14,7 × 21 cm.
VIII, 109 Seiten. 1971. Kartoniert DM 18,– ISBN 3 11 003641 X

H. Müller

Angriff und Verteidigung
Strategie und Taktik im Schachspiel
3., Auflage. Mit 355 Diagrammen und 297 Stellungen. 14,7 × 21 cm.
VIII, 162 Seiten. 1981. Kartoniert DM 24,– ISBN 3 11 008127 X

Preisänderungen vorbehalten

Walter de Gruyter
Berlin · New York

A. Aljechin   **Das New Yorker Schach-Turnier 1927**
Ein Vorspiel zum Weltmeisterschaftskampf in Buenos Aires
2. Auflage. Mit 96 Diagrammen. 14,7 × 21 cm. VIII, 176 Seiten. 1982.
Gebunden DM 29,80 ISBN 3 11 008021 4

A. Aljechin   **Auf dem Wege zur Weltmeisterschaft (1923–1927)**
4. Auflage. Mit Frontispiz, 100 Partien und 173 Diagrammen.
14,5 × 21,0 cm. XII, 228 Seiten. 1978.
Kartoniert DM 29,50 ISBN 3 11 007422 2

A. Aljechin   **Das Großmeister-Turnier New York 1924**
Im Auftrag des Turnier-Komitees mit einem Geleitwort von Kurt Richter
und einem eröffnungstheoretischen Beitrag von Max Euwe.
Mit 183 Diagrammen und einer Kunstdrucktafel.
3. Auflage. 14,5 × 21,0 cm. XLII, 337 Seiten. 1978.
Kartoniert DM 36,– ISBN 3 11 007709 4

A. Aljechin   **Meine besten Partien 1908–1923**
Mit einem Anhang: Aljechins Eröffnungsbehandlung in moderner Sicht.
3. Auflage. Mit Frontispiz und 193 Diagrammen. 14,5 × 21,0 cm.
VIII, 249 Seiten. 1978. Kartoniert DM 29,50 ISBN 3 11 007421 4

Capablanca – 75 seiner schönsten Partien
Ausgewählt und kommentiert von H. Golombek. Mit einer
Gedenkrede von J. du Mont. Übersetzt und bearbeitet
von Rudolf Teschner. 2., unveränderte Auflage. 14,5 × 21,0 cm.
194 Seiten. 1978. Kartoniert DM 26,– ISBN 3 11 007424 9

M. Vidmar   **Goldene Schachzeiten**
Erinnerungen
2. Auflage. Mit 17 Abbildungen. 14,7 × 21 cm. XIII, 259 Seiten. 1981.
Kartoniert DM 36,– ISBN 3 11 002095 5

Preisänderungen vorbehalten